U0366409

科技创新
向善而行

首届“科技伦理前沿谈”
全国征文大赛优秀作品集

全国科学道德和学风建设宣讲教育领导小组办公室 编

内容简介

本书精选了全国首届“科技伦理前沿谈”全国征文大赛中的部分优秀作品，主要包括获得一等奖和二等奖的公众科普类作品，通过多种形式和角度，深入浅出地阐述了科技伦理的发展历程、基本理论和前沿实践，内容围绕“生命伦理”“人工智能伦理”等科技伦理领域的多个热点话题，旨在向广大读者普及科技伦理知识，提高公众对科技伦理问题的认识和关注度。

本书读者对象包括对科技伦理感兴趣的公众、科技工作者和科研人员、伦理学家和哲学家，以及与科技伦理相关的政策制定者和监管机构。

图书在版编目(CIP)数据

科技创新，向善而行：首届“科技伦理前沿谈”全国征文大赛优秀作品集/全国科学道德和学风建设宣讲教育领导小组办公室编. —上海：上海交通大学出版社，2023.12

ISBN 978-7-313-30040-9

Ⅰ.①科… Ⅱ.①全… Ⅲ.①技术伦理学—文集 Ⅳ.①B82-057

中国国家版本馆 CIP 数据核字(2023)第 251492 号

科技创新，向善而行——首届“科技伦理前沿谈”全国征文大赛优秀作品集
KEJI CHUANGXIN，XIANGSHANERXING——SHOUJIE “KEJI LUNLI QIANYAN TAN” QUANGUO ZHENGWEN DASAI YOUXIU ZUOPIN JI

编　　者：全国科学道德和学风建设宣讲教育领导小组办公室
出版发行：上海交通大学出版社　　地　　址：上海市番禺路 951 号
邮政编码：200030　　电　　话：021-64071208
印　　制：上海盛通时代印刷有限公司　　经　　销：全国新华书店
开　　本：710mm×1000mm　1/16　　印　　张：9
字　　数：73 千字
版　　次：2023 年 12 月第 1 版　　印　　次：2023 年 12 月第 1 次印刷
书　　号：ISBN 978-7-313-30040-9
定　　价：78.00 元

前　言

在全球化、信息化的今天，科技发展日新月异，科技伦理问题也随之凸显。为了深入贯彻落实中共中央办公厅、国务院办公厅关于加强科技伦理治理的精神，做好科技伦理知识宣传普及工作，增强社会公众科技伦理意识，营造加快实现高水平科技自立自强的良好氛围，2022 年 9 月 24 日全国科学道德和学风建设宣讲教育领导小组办公室印发了《关于开展“科技伦理前沿谈”全国征文大赛的通知》(科协宣函学字〔2022〕11 号)。

本次大赛由中国科协牵头，联合教育部、科技部、中国科学院、中国社会科学院、中国工程院、自然科学基金委、国防科工局等七个部门，以及《科技导报》《科学通报》《中华医学杂志》《自然辩证法研究》《中医杂志》《编辑学报》《科普研究》《药学学报》《医学与哲学》《中国实验动物学报》《中国科学基金》

《中国社会科学》十二家核心期刊和主流媒体共同举办。大赛围绕科技伦理、学术规范的理论研究，科技伦理立法研究，科技伦理治理研究，科技伦理与科学文化，科技伦理教育及普及等方向，广泛征集学术论文、观点研究和公众科普文章，旨在引导广大科研工作者和社会公众增强科技伦理意识。

经过近五个月的紧张评选，大赛评选出学术论文类、观点研究类、公众科普类一等奖、二等奖、三等奖获奖文章共计136篇。这些文章涵盖了科技伦理的多个领域，从不同角度深入探讨了科技创新与道德伦理之间的关系。

本书精选了全国首届"科技伦理前沿谈"全国征文大赛中的部分优秀作品，旨在向广大读者普及科技伦理知识，提高公众对科技伦理问题的认识和关注度。

希望通过本书的出版，能够进一步推动科技伦理的研究和教育，提高公众对科技伦理问题的认识和理解。同时，也希望广大科技工作者能够牢记社会责任，积极践行**"科技创新，向善而行"**的理念，为实现中华民族伟大复兴的中国梦贡献力量。

感谢所有参与本次大赛的选手们以及相关单位和组织的大力支持和协助。同时，也希望广大读者能够通过阅读本书，深入思考科技创新与道德伦理之间的关系，共同为构建一个和谐、可持续发展的美好未来而努力奋斗。

全国科学道德和学风建设宣讲教育领导小组办公室

2023 年 12 月

目 录

第一章 科技伦理为什么重要？

第二章 反思科技伦理

第三章　探究生命伦理

第四章 走近人工智能

第一章

科技伦理为什么重要?

道德物化：将技术道德化，科技伦理新方向

科技的发展和广泛应用究竟给我们带来了什么？大众社交平台的用户数据，曾被用来干预美国总统大选，这使得科技隐私问题再次引起了公众的关注。基因编辑婴儿的诞生，引发了关于科学技术与伦理道德的广泛讨论。可见，科技发展和应用给人们带来的负面影响已经显现，科学技术与道德伦理之间的关系问题不容忽视。

事实上，早在半个多世纪前，图灵（Alan Mathison Turing）就在《计算机器与智能》（*Computing Machinery and Intelligence*）一文中提到了人工智能对人类的威胁。现如今，随着科技伦理问题研究的不断深入，许多学者提出了不同的解决思路。其中，一种源于荷兰学派的道德物化理论——要

求我们把更多的注意力集中在考察具体技术应用所带来的问题上，或许可以成为科技伦理学的一种新的尝试。

道德物化理论的代表性学者维贝克（Peter-Paul Verbeek）在他的经典著作中指出，道德物化应当理解为"将技术道德化"。该理论旨在通过物的布置和广泛应用来实现道德教化与传播。举个例子，当我们希望汽车通过学校路口路段减速，以此规避交通事故时，最习惯的处理思路是将人当作道德能动者，认为驾驶员应当承担安全驾驶的责任，只需通过标识牌或言语告知驾驶员要减速慢行。而如果我们把物也当成是道德能动者，例如设置减速带，此时会发现汽车通过该路段减速的概率会大大提高。因为如果不减速，汽车的性能就会受到影响，驾驶员的体验会变得很差，于是"减速慢行"这一道德的执行成本就降低。在这个例子中，道德能动性已经相当程度传递给了物，通过物的布置和广泛应用来践行道德规范。

道德物化理论并不是立竿见影的科技伦理问题的解决思路。科技伦理是指科技创新活动中人与社会、人与自然、人与人关系的思想与行为准则，它规定了科技工作者及其共同体应恪守的价值观念、社会责任和行为规范。科技伦理要求提出可操作的伦理原则，属于规范性的伦理讨论。而道德物化理论则仅仅是将“道德”作为一种简单的现象进行研究，是一种描述性理论。该理论强调“道德能动性是人和物互构的”，但并不因为它的讨论对象是“道德”，就变成了规范性理论。因此要让道德物化理论变成一种解决思路，还需要开展必要的过渡性研究。

道德物化理论为科技伦理提供了一种观察思路。道德物化理论告诉我们，科技不再是价值中立的对象，我们在开展科技活动时，应该把伦理考虑到新产品的设计中去。与此同时，当我们认识到物可以被人为嵌入道德，并且能广泛影响到人们的决策时，这将大大加重技术工程师的责任，因此未来的科技伦理研究应该是一个开放共治的治理模式。

道德物化理论可以是科技伦理思路吗？王小伟教授谈到，要使之成为科技伦理思路至少还有三方面的问题需要澄清。第一，清晰地说明作为描述性尝试的道德物化，如何过渡到规范性的伦理讨论；第二，如何从道德物化理论中整理出科技伦理的基本价值；第三，如何将道德物化整理成可操作的伦理原则。这三个问题的解决并非轻而易举，需要对道德物化理论做一些创造性的再解读，使道德物化从纯哲学的讨论中沉降下来，过渡成为一种规范性研究并落实到具体运用中去。解决了这些问题，道德物化才能真正成为科技伦理思路，这也是目前学界热议的课题之一。

(作者:黄运樟　张孝中)

/ 参考文献 /

[1] 王小伟."道德物化"与现代科技伦理治理[J].浙江社会科学,2023,No.317(01):119－124＋160. DOI:10.14167/j.zjss.2023.01.010.

[2] 王小伟.道德物化及其批评[J].中国人民大学学报,2021,35(3):7.

[3] Verbeek Peter-Paul. Moralizing Technology: Understanding and Designing the Morality of Things [M]. University of Chicago Press: 2019－10－29.

[4] 中国政府网:《中共中央办公厅 国务院办公厅印发〈关于加强科技伦理治理的意见〉》,http://www.gov.cn/zhengce/2022-03/20/content_5680105.htm

[5] 百度百科词条:科技伦理 https://baike.baidu.com/item/%E7%A7%91%E6%8A%80%E4%BC%A6%E7%90%86/3781835?fr=aladdin

科技伦理如此重要?

随着科技的不断发展,科学技术已经深入我们每一个人的生活中,身边随处可见科技带给我们的便利,我们好像已经离不开充斥着科技的环境。也正因为这样,科技带给我们的灾难也逐渐突显出来,为此我们的生活中又出现了一个新兴的术语“科技伦理”。

什么是科技伦理呢?简而言之就是对于科技,人类应该做出的对自身的约束和规范。

笔者曾看过中国科幻小说代表作家刘慈欣老师的一篇采访,在记者问到“科学和伦理之间是否有时候会有某种冲突”时,刘慈欣老师回答道“科学和伦理肯定是有冲突的,因为人类的伦理道德不是一成不变的东西。看人类的发展历史就知道了，它能适应不同的环境。随着科学的发展、技术的发展，不同的技术环境产生不同的伦理道德。”

在这个新时代，因为科技的发展，我们制造了不少环境问题，我们不得不面对日益增加的生命科学的伦理问题，也许在以前，“科技伦理”这个术语还很少出现在我们的眼前，但近些年来，不仅越来越多的科技报刊和网站，都开始出现大量关于科技伦理的报道，国家也开始出台相应的方案，力争把科技伦理概念推到国内社会，甚至是世界的舞台上。

2022 年 3 月，中共中央办公厅、国务院办公厅印发了《关于加强科技伦理治理的意见》，并发出通知，要求各地区各部门结合实际认真贯彻落实。科技伦理是开展科学研究、技术开发等科技活动需要遵循的价值理念和行为规范，是促进科技事业健康发展的重要保障。例如，在攀枝花建设初期，建设了大量钢铁制造工厂，起初，没有人注意到会因此造成环境污染问题。随着钢铁生产污染环境的时间越来越久，这才突然意识到重工业对环境的污染，开始大力整治当地的污水排放问题，最终及时止损，才避免了污水对人以及自然的伤害。

科技给我们制造的问题还不仅仅只有这些，除去排放各类污水外，如网络的难以监管、网络信息的不安全性等。科技在给我们带来便利的同时，也对我们人与人、人与社会、人与自然的关系产生了危害。科技伦理的出现,正是为了制约科研人员,是把握好科技与人类关系的“正义”所在。

就如人的思想品质有道德伦理来约束,社会发展有法律伦理来约束一样,科技的发展也有科技伦理来约束,我们要正确地看待科技伦理,处理好科技在人类社会发展中的位置。

(作者:谭孟杰)

为何要普及科技伦理

当今世界，第四次科技革命方兴未艾，更加凸显出“科学技术是第一生产力”重要论断的确是真知灼见。在我国民间也早有“世间万事以伦理而始，家国天下以伦理为系”的说法。可见科技、伦理这二者之重要性在我国已深入人心。然而科技伦理的理念却仅为一小部分科技工作者熟知，远未形成思潮，民间更是知之甚少。

随着科技的迅猛发展，由基因编辑、无人驾驶汽车、人工智能等科技进步所引发的伦理问题层出不穷，这背后反映的是科技伦理的缺位，但更是未普及科技伦理的后果，因此，普及科技伦理已迫在眉睫。

普及科技伦理有助于人类的长远发展。科学技术的进步固然会促进人类文明不断攀登新的高峰。然而，科技的发展也极容易造成人类的一叶障目。只追求基因编辑婴儿可抵抗艾滋病（HIV）的效用，那么人类基因库可能被污染的长远危害如何解除？只追求无人驾驶汽车对于人类手脚的解放，那么其行驶过程中的安全性如何保证？科技的发展，不仅要谋一时，更要谋万世。将科技伦理的观念下沉到民间，提高整个人类群体对于因科技进步引发的弊端的敏感性，在民间形成一股强大的合力，从而规避因追求科技发展一时的益处可能导致人类覆灭的发生，进而实现人类的长远发展。

普及科技伦理，有助于提高我国科技行业国际话语权。工业革命以来，科技行业国际标准的制定几乎都被欧美国家垄断，它们利用这种话语权的垄断动辄对我国科技行业和科技公司进行无端的制裁与打压，这严重影响了我国筚路蓝缕发展起来的高精尖科技走向全球之路。而科技伦理又和未来科技发展密切相关，将科技伦理观念普及到我国广大民众，倒逼我国科技伦理整体水平的提升，去参与到国际科技伦理标准的制定中去，将科技发展的主动权牢牢掌握在我们自己手中，推动国际科技行业涌现更多的中国标准，提高我国科技行业国际话语权。

普及科技伦理，为我国高水平科技自立自强、涌现更多的高科技人才助力。当前我国科研院校在培养科技人才方面暴露出的显著问题或是大而不强、多而不精，或是共性有余、个性不足，抑或是断代严重、难以赓续，这很难用单一原因去解释，但科技伦理规则教育的确扮演了重要角色。科技伦理规则作为规范未来科技发展的价值理念，一定程度上代表了未来科技要如何走、往何处去。因此，将科技伦理的理念嵌入我国科技人才的培养全过程，使科技伦理的普及作为破解“钱学森之问”的解法之一，使真正有想法、有能力、有志气的科技人才显现出来，去助力我国科技的高水平自立自强。

让科技伦理的理念乘着新时代的风帆走向广大民众，为中华民族伟大复兴的科技强盛之路护航。

（作者：王宇亮　王福利）

科技伦理教育之一解

公众得知道什么是科技伦理，才能知道它的重要意义。

科技伦理是指科技创新活动中人与社会、人与自然和人与人关系的思想与行为准则，它规定了科技工作者及其共同体应恪守的价值观念、社会责任和行为规范。可见，科技要有光明的发展前景，社会就要积极促进科技伦理的形成，而这需要发展科技伦理教育。

那么怎样才能发展科技伦理教育呢？皮格马利翁效应也许能帮上忙！

皮格马利翁效应，心理学上是指热切地期望与赞美能够产生奇迹，即期望者通过一种强烈的心理暗示，使被期望者的行为达到他的预期要求。我们可以抓住两个关键词："强烈的”和“心理暗示”。若心理暗示的发出者是自己喜欢、钦佩、信任和崇拜的人，这个效应将加强。周文燕在《成才之路》中表示：“自我意识强弱会影响该效应，但是总体趋势确实如此，因为自我意识强的人是极少数。”

生活中常见这样的现象：“不谈学习，父慈子孝，一谈学习，鸡飞狗跳”。当你被家中“差等生”气得上气不接下气，绅士被逼成土匪，淑女被逼成泼妇的时候，你是否想过，孩子成绩越来越差真的完全是他们自己的问题吗？让我们用皮格马利翁效应来加以解释：大家都认为孩子是“差等生”，其中还包括孩子所爱戴的父母师长，孩子就从“自己喜欢、钦佩、信任和崇拜的人”那里得到了“强烈的”“心理暗示”。他们若抱此心态学习，自然就容易懈怠，成绩就更容易下滑（达到预期要求）。

上述例子让我们看见了皮格马利翁效应较消极的一面，但如果我们合理利用它积极的一面，它就可以有效地促进科技伦理教育的发展。

时至今日，科技创新活动已逐渐走入我们的生活。既然它们已经长存于我们的日常生活中，那么我们便可以通过在日常生活中反复强调以达到“强烈”的效果，比如要求科技工作者及其共同体在每次科技创新活动前，要进行评估，看其是否符合科技伦理，以培养习惯。

我们完全可以像进行日常道德教育一样进行科技伦理教育，书本学习、学校及社会重视和推崇等方式都可以起到很好的“心理暗示”效果；比如让全国模范等大众“喜欢、钦佩、信任和崇拜的人”都推崇科技伦理，那么会“使被期望者的行为达到他的预期要求”，即受教育者获得较好的科技伦理素养，这就是科技伦理教育的成功。

科技伦理和科技工作者的社会责任事关整个社会的发展前途，如果我们能熟练地运用皮格马利翁效应发展科技伦理教育，那么会给未来的科技发展带来光明的前景。

（作者：冯韵瑜）

科技向善：
科技伦理价值观的基础理念

自第一次工业革命以来，科技的发展极大地促进了社会生产力的提高，不断地提升了我们的生活水平，甚至直接改变了我们的生活方式。但与此同时，我们也逐渐认识到了科技的两面性，即科技可以给人类带来巨大利益，也可以带来巨大风险。因此，如果我们只评估科技的利益，而忽略其风险，一味地推行未经过审慎评估其风险的技术，其可能会给人类带来灾难性的后果。

塑料袋的发明和使用就是一个典型的例子。1965 年，工程师古斯塔夫·图林(Sten Gustaf Thulin)设计以聚乙烯为材料的塑料袋，尽管当时还没有塑料袋的无害降解方式，商人却将其投入生产并推广使用。由于人们对其危害的认知缺失,造成了滥用和大量的随意抛弃,半个世纪后的今天,我们发现其危害已经蔓延到了整个生态系统。由此可见,第一,如果我们无法正确地认识科技的两面性,或对风险的认知明显不足时,其本身就可能暗含着巨大的风险;第二,如果我们在对一项科技的风险认知不足时就投入市场使用,其误用或滥用会极大地增加本就存在的风险;第三,随着时间的推移和影响的扩大,这样的风险可能会从短期、对个体的风险转变为长期、对整体的风险。

随着信息化时代的来临,生产力由体能、机械能逐渐转化为智能,某些技术的风险是我们目前难以把控的。脑机接口技术就是一个典型的例子。一方面,脑机接口技术可以作为辅助技术帮助医生治疗疾病。例如,帮助重度运动障碍患者运动机能的康复,帮助卒中患者受损脑区功能的恢复和修复。但另一方面,人类对大脑的运作机制尚没完全掌握,并且脑机接口技术又涉及多个学科,实际上我们还无法评定大脑信号信息的准确性,因此,完全依靠该技术进行治疗还尚不成熟。我们必须认识到,现在科技的更新和发展速度远超我们的预期,一方面,要对科技本身加以约束,使其能够安全、有效地为人类服务;另一方面,也要加强对科技创新者、使用者的引导,使得科技能发挥其最大的有利影响。

那么，到底应该如何保障科技健康发展呢？科技伦理价值观告诉我们，一项技术不仅本身应该利大于弊，还应该要将对的方式用在对的地方。也就是说，科技本身要向善，更要得到善用，这样才能使得科技健康发展，真正地造福于人类。因此，在技术的研发和应用过程中，所有人都应该以人类的福祉作为核心要求，不要无节制地开发科技，认真地思考每一项科技活动的科学价值与社会影响，审慎地进行可能具有不明确风险的科技活动。另外，科技向善也需要每个人的参与，从被动的管理到主动的负责，从个人的利益到人类的福祉，从关注当下的得失到关注时代的持续发展，这才是科技伦理观下的必然选择，多方面的共同治理，才能让科技活动走在一条健康、正确的道路上！

（作者：张玲希）

科学技术应循着正确的伦理观前进

伦理，从纯粹客观角度看，是人类发展到一定阶段产生社会组织之后才出现的，用来衡量该社会组织上下等级秩序的标准物。原始社会没有伦理观念，只知母不知父。发展到一定阶段后，就有了著名的伦理观念："君君、臣臣、父父、子子"。那么试想未来人类的诞生不再依赖受孕，没有母与父概念，伦理是否失去了衡量标准？如果前面的说法成立，我们假设：将人类社会发展时间设定为X轴，而伦理出现设定为1、不存在设定为0的Y轴，相信可以得出类似"几"字形曲线图——即从过去的0诞生，到某时代的高峰并一直影响后世，再到未来的无限接近于0的消失。

当今时代，伦理仍然是社会运作所必不可少的存在，伦理的作用仍然不可忽视。因此可以从中推断：科技研究应遵循时代的伦理标准推进，科技对社会的正面影响就会多于负面影响。而伦理标准中外有别，互相激荡影响。那么如何选择适合具有中国特色社会主义道路的伦理？如何做正确的科学研究呢？

首先要知道什么是正确的。从中国特色社会主义与中华传统优秀文化结合来看，“天人合一”应最为正确。传统的“天人合一”是古人对万事万物运行的一种理解，有那个时代的局限性。时过境迁，笔者尝试用现代科学角度重新解构：“天”可认为是客观自然和客观规律；“人”指人类社会的一切，人类社会的伦理观当然也是“人”的一部分；“合”就是相符、相向而行的意思；“一”就是可行的、可以存续的，如果设“零”为相反，就颇有信息技术中“1”“0”区别的意味。

于是笔者大胆断定：符合社会的发展规律，也符合自然的发展方向，做有利于人类发展的事，也做有利于自然发展的事。四者结合在一起，相对和谐发展，偶有偏向、偶有牺牲只不过是为了长远的不偏离、未来的不牺牲，这就是“天人合一”，就是正确的伦理观，科技按照这个伦理观推进，就是正确的科技伦理观。

一、西方所谓的伦理观已经腐朽

眼下，西方世界表现出种种动荡，如贫富分化加剧、街头治安恶化、通货急剧膨胀、众多照搬西方政治模板的国家治理能力全面倒退，全球经济陷入长期衰退和人道主义危机阴影之中，等等。其本质是最上层垄断资产阶级攫取了绝大部分的资源和定价权，形成与各民族资产阶级、无产阶级之间的主要矛盾。具体表现为操纵媒体、非政府组织等，大肆宣传所谓"政治正确"的不正确伦理观以转移注意力，煽动多方面的对立，如男女对立、民族对立、肤色对立等。我国也时刻受到此类思潮的渗透与破坏的威胁。如何厘清事实，打击腐败，保持本心，就显得非常有必要。

二、党的二十大的报告很及时

党的二十大报告是鼓舞人心催人奋进的，系统总结过去五年党团结带领全国人民取得的重要成就和新时代十年的伟大变革。坚定了科技是第一生产力、人才是第一资源、创新是第一动力，是国家发展战略的支撑，为科学技术发展扫除外部的无谓纷扰。

三、正确的科学技术研究

笔者认为有两个正确的大方向但不限于此。生命科技类和空间科技类。

其一，必须不断投入研究生命科技，同时尊重伦理道德的底线。提高人类的生活质量和寿命是生命科技的出发点，生命科技保障了大多数人类能够不受身体困扰地生活下去，为人才出现提供数量的基石支撑。国际上，以寿命延长为目的的生命研究多数由富裕阶层主导发展，目的只为其个人需求服务。他们各自分散式研究，在增加重复研究成本的同时，将尖端研究人才锁定在为其个人服务的岗位上，减缓社会上其他领域获得科技突破的速度。其得出的成果往往不计成本，但普罗大众却无法享受。

大众寿命的延长能为社会多留存工艺、管理等经验，间接提高社会生育率和幸福度。在对比同等社保等经济压力下，生命科技更发达的国家，寿命更长，病痛更少，医疗保障投入压力会减轻很多。医保资金可以用于更增值的项目上，给掌握高精尖生命科技的国家带来更多可持续发展优势。

生命科技中养殖业面临的伦理问题曾经也困扰过笔者。西方素食主义者口中所谓的猪、鸡、鱼等动物解放论调，忽视了上述养殖物种已经和人类达成共生关系。试想未来某日地球不再适合生存时，人类只能带走数量有限的生物，以在太空站或地外行星圈养。到底留存什么？显然就是与人类生存所必不可少的那些。这一天也许还非常非常遥远，人类保证了相关动物不会被自然法则灭绝，相对地，它们提供了它们能为人类提供的，这样一想，是否就释然了呢？

关于生命科技的另一个伦理争议就是基因编辑技术是否会让人类无法回头，担心人类社会的未来将不是人类在掌控。从进化论角度看，人类自身应该进行缓慢的进化。但发达的医疗系统模糊了这个进程，让大多数人类安然度过寒冬，成功抵御病毒细菌的入侵。干涉人类进化的时间表，远远早于人类意识到这个问题存在的时刻。从远古人类使用火、铸铁器开始，人类已经在悄然自我主导进化，只不过工具从兽皮骨针变成精密编辑工具而已。以生命科技为代表的“工具”不是导致伦理混乱的罪魁祸首，而是使用“工具”的方式方法出了问题，导致伦理混乱的发生。

譬如克隆人，是很多科幻迷会津津乐道的一个话题，从哲学角度看，能否做到是一个问题，能不能做又是另一个问题。

在基因编辑中,以修复基因破损为方向的研究是没问题的,但破损的基因全身修复,那问题就大了。克隆人也是一样,是不可能复制出一个完全与24岁又3个月10日11时50分59秒333毫秒一模一样的人类出来的,那其实是另一个活生生的人了,只不过基因表达上是一样的而已。本文开头说了,伦理是人类社会发展的产物,伦理不再起作用也是科技发展到某一天,悄然改变而当事人不自知罢了,还是那句话,那距离现在太过遥远了。

其二,空间科技是未来解决一切资源不足的根本出路。生命科技发展、人类寿命增加的同时也会增加资源的需求。上面谈到非常遥远的那一天,也许因为大国间核战争而提前到来。党的十八大以来我国的空间科技发展一直走在正道之上,空间科技带来的拉动效应将惠及全民、全世界,值得持续投入。

目前太空之外属于无主之地,无主之地只不过是大家没有能力去管理而已。但是有移民外星能力的国家一旦出现,管理这个移民地块的必然是这个国家,该国应该会主动提出自然地块所属权,外国人就要服从属地管辖。

有人也许会泼冷水,从经济角度看,外星移民除了挖矿、旅游外,还有其他利益可言吗?另外,外星殖民假如真的成功,面对过于遥远的距离,殖民地那边的文化会越来越和本土远离，最终会演变成互相嫌弃，甚至兵戎相见的境地，如何解决？

第一个问题，太空移民是一个庞大的工程，衍生出的科技和应用将带动社会大幅度往前发展，工程所需要的人才都是高精尖的，要维持基地的运行也需要大量高端人才的落地，这种开拓是全人类共同努力才能完成的，那时候资源的开采利用应是全机器自动化，会像电影《流浪地球》那样开设本地制造工厂等，形成新的城市，新的开拓基地。不断地拓展下去，全程只需人类维护机器、研发新的装备等工作。

第二个问题，科幻故事常常会用到的设定，不代表现实中一定会发生。这里涉及的诸多社会问题，还是交给未来的人类解决吧。未来人类向太空进发，踏出第一步的，和17—19世纪那种贩卖人口式的、掠夺侵占他人故土的西方殖民完全不同。更像早期智人发展，离开自己的故土，往其他大洲进发，再根据自然地理条件的不同，人种逐渐分化，但生殖并未隔离。我们往外太空进发，只不过是这过程的延续，也是遵循自然发展规律罢了。

总而言之，科学的突破需要全学科都以一个步调前进，不是说电子科技、计算机科技这类一旦突破就全学科都受益，也还要考虑到样样是重点就没有重点的道理。

发掘并让传统优秀文化古为今用,是一个崭新且意义重大的课题。如“天人合一”中,可以将“天”看成空间科技,“人”看成生命科技,两者有机紧密结合,还有在党的带领下,才有我们祖国的航天科技的灿烂成就。相信在未来,还有更伟大的成就等着我们,引领着我们。笔者非科技方面专业人才,很多细分领域不敢妄下结论,仅提供自己的观点,以期抛砖引玉。

（作者:刘浩业）

第二章

反思科技伦理

科技伦理之困局

科技伦理是指科技与人、社会与自然的伦理关系，是人类在技术研究与应用过程中必须遵循的伦理规范和社会责任。新时期科技伦理"囚徒困境"的产生，受到诸多主观和客观因素的影响，究其根源，是由于人的认知进程的局限，以及伦理发展的历史特性。

科技进步的革命性和社会伦理的相对稳定，常常导致技术不断刷新伦理底线，科技发展与应用的不确定因素，使科技面临伦理上的挑战与冲击。突破科技伦理的两难境地，必须立足于新时期的技术进步与社会现实，以认识论、价值论、方法论等思想成果为基础，发展科学精神和技术理性，拓宽社会参与途径，优化技术协同创新机制。要强化科技伦理教育、科学技术法治建设，走科学与社会的深度融合之路。

伦理和技术是共生的，技术离不开伦理，伦理的讨论也离不开技术。科技是人们运用和改变自然界的各种物质手段、方法和知识的总和。科技伦理是指在技术运用中，人们应当遵循的原则和责任。技术时代的伦理，在掌握科技创新与应用的方向、提供必要的警示信息的同时，也会遇到技术挑战；科技的发展对伦理的发展起到了推动作用。在科技革命面前，温柔的伦理有时候必须作出艰难的抉择。在广岛和长崎遭受核弹袭击之后，爱因斯坦曾说："如果我知道会发生这种事，我宁可当一个鞋匠。"因此，科技就是一把打开天堂和地狱之门的钥匙。最后，开启大门的不是钥匙，而是钥匙的持有者，是祸是福就看持有者的人品。科学技术必须和社会伦理保持同步，才能使人类的发展得到最大化。

"囚徒困境"描述了一个人为了获得最大的利益而一步一步地陷入他所设定的困境。我们若将"囚徒"视为"技术人"，将"坦白"视为"伦理危机"，则会发现很多科技伦理问题，比如某些人滥用技术、非法或不公平地利用技术，从而导致违反伦理。

面对高技术所带来的伦理难题，我们真正要考虑和解决的问题，不仅仅是分析高技术的优点和缺点，而是要通过批判地思考，建立一个将科学与人文结合起来的崭新架构，来调和科技与伦理的关系，即将科技与伦理结合起来。我们的时代问题，不能简单地归咎于科技发展过度、人文精神的缺失，而在于我们缺乏一个能够将科技的事实判断与伦理的价值判断结合起来的全新的文化价值体系。

（作者：金钰）

负责任创新是“负责任的”创新吗？

提到负责任创新，人们可能觉得这并不陌生，基于对创新的传统理解，哪怕是第一次接触到这个词，大多数人也会自然地联想到“有责任心的创新行为和技术产品”，但其实这并不准确。负责任创新并不完全等于“负责任的”创新，而是将伦理维度的“责任”放置在创新活动中，提倡在科技创新过程中伦理先行。前者的责任用来形容发展，是对发展提出的要求，而后者使责任成为一种前提条件，嵌入到科技发展的背景中，因此从内涵上来讲负责任创新要比“负责任的”创新在结构上更宏大，意义上更深远。

负责任创新也叫负责任研究与创新，这一理论建立于科学技术发展与社会嵌入性不断加深的基础上，人们对伴随科技创新的社会问题产生了反思,是继可持续发展理念之后欧美国家近些年来提出的一种新发展理念。第一次明确提出概念的是德国学者托马斯·海斯托姆(Tomas Hellstrom),他明确了“在更宽泛、普遍的技术发展的背景下”建立“负责任创新的一般框架”。①

负责任创新的理念来源于欧美,基于对企业社会责任的关注,他们将这种企业的社会责任延伸至全行业的技术和研发领域。具体做法是从下游的不良结果反推至上层研发,从分析现实入手追溯源头的技术,从而将负责任创新的理念贯穿于企业创新发展的全过程中。目前业内对负责任创新的概念还没有形成统一的说法,国内的一部分专家认为,欧盟委员会研究与创新理事会于2012年对责任式创新理念的界定,给这一概念提供了良好的解释,内容包含道德可接受、风险管理和人类利益三个方面,并且相互间可以进行结合,②基于这三方面的考量,我对负责任创新做出如下的理解,即负责任创新是在创新发展理论下的,由责任主体在创新过程中,用公开、透明的形式,以实现社会的可持续发展、道德伦理的可接受和

① 晏萍,张卫,王前.“负责任创新”的理论与实践述评[J].科学技术哲学研究,2014,31(02):84-90.

② 晏萍,张卫,王前.“负责任创新”的理论与实践述评[J].科学技术哲学研究,2014,31(02):84-90.

技术治理体系的构建为根本目的，从而在行为和目的上表现为有原则、有担当地实施创新方法。接下来，我将对这个理解进行详细说明。

1. 公开透明的形式

假设创新的概念是自明的，企业作为创新的主体，为了自身利益进行社会生产，天然的趋利性很可能会引发不良的社会效应。负责任创新的理念要求以企业为主的创新主体，在公开和透明的形式下进行创新性的研发和生产。公开和透明的形式为创新活动的合理性与合法性提供了保障，同时为创新提供了良好的社会环境。为保障企业能够做到公开透明，这里涉及了政策的引导。国家和行业根据一定的标准，对企业创新过程实施动态的监督和管理，使企业在创新过程中符合行业规定的基本要求，当企业在生产过程中出现违规问题时，公开和透明的环境会督促企业对生产的设计和研发进行及时的调整，当一项技术的出现可能导致产品在未来存在不确定的影响时，公开透明的环境也更易于及时地发现问题，反馈给国家和制定行业标准的相关机构，从而及时地推进行业标准进行重新设计和规划，使标准的制定与技术的发展协调一致。

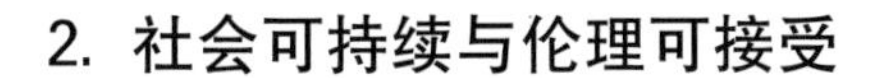

2. 社会可持续与伦理可接受

行业在制定相关标准时要符合社会的可持续发展和道德伦理的可接受。这里涉及两个角度,一个是从自然的角度看待创新的发展问题,另一个是关注人的感受。负责任创新不能以牺牲自然为代价,不负责地运用创新的手段和技术实施创新活动,自然资源的有限性和人类认识自然能力的有限性,警示了人在进行实践活动的过程中要符合自然规律。在第二次工业革命时期,社会的发展依托牛顿力学理论的确立,在此基础上形成了机械论的自然观,人们妄想征服自然,其结果是失去与自然和谐共生的有利环境,导致人与自然之间的矛盾不断加深。而在关注人的感受这一视角下,负责任创新基于对道德伦理可接受性的原则,应该符合四维度框架。四维度框架由英国经济学家理查德·欧文(Richard Owen)提出,分别是“预测”“反思”“协商”和“反馈”。体现了负责任创新发生在一个动态的有机过程之中,通过对创新前期的风险预测、中期的反思与协商和最后的反馈方式使负责任创新在过程中可以实现道德可接受的价值和伦理关怀。

3. 技术治理体系

创新所涉及的伦理问题与每一个人都息息相关，这就需要多学科的合作，创新不能由只会做实验的科学家来完成，而应该与社会学家和伦理学家一同针对具体的技术发展开展深刻的讨论。但这不是少部分科学共同体可以完成的，而需要依靠一个完善的技术治理体系，这才是落实负责任创新理念的根本任务。有了完善的治理体系，再加上配套的政策扶持，才有行业标准存在的意义，这是实现负责任创新效果的根本保障。

从以上三个方面去把握负责任创新的内涵，要求创新主体有原则有担当地实施创新行为，有利于推进科技创新事业的长远发展，促进动态的监督和全社会范围的共同关注，有利于我国企业进行创新的升级和转型。而健全的评价标准和完善的制度体系是创新发展的红线，是推动我国科技伦理治理的根本保证。

负责任创新从伦理的角度关怀大众，又从社会与技术的嵌合上融入更多的力量和声音，负责任创新将会是未来发展的新趋势。

（作者：陶思琦）

关注多主体治理风险
共筑科技伦理治理体系

当前我国在科技领域发展突飞猛进，但与之相对却鲜少关注相关科技伦理问题，对于科技伦理治理认识不足。基于此，本文构建了“主体-工具-价值”分析框架，从强制性治理工具、自愿性治理工具以及科研人员自身等方面对当前我国科技伦理治理中存在的问题进行了深入剖析。最后，在问题分析的基础上，本文从提升科技伦理强制性工具效力、推动自愿性工具规范建设、强化科研人员伦理价值认知、加强企业伦理价值教育四个方面对我国科技伦理治理体系建设提出了针对性建议。

一、引言

随着经济社会不断发展以及科技水平的不断提升，科研活动同社会经济民生等问题的联系也愈发紧密，当前越来越多的科学技术研究都是以满足现实社会需求为导向而开展的。但是，在享受科学技术创新红利的同时，其潜在风险也不可忽视，尤其是违背科技伦理的事件近些年更是时有发生，诸如在食品卫生、医疗领域出现的伦理失范不仅违反了当前社会主义主流价值观，更严重损害了公众对于科技创新活动的信任程度。

科技水平高速发展与科技伦理治理水平不匹配的问题引起了许多学者的关注与反思，引发了围绕科技伦理发展与治理问题的深入探讨。李桂花、锡宇飞（2019）结合习近平总书记关于科技伦理的重要论述认为，科技对当前社会经济发展带来的影响是同科技工作者行为选择密切相关的，科技工作者行为选择又深受其科研环境、科研价值观、研究内容复杂性等因素影响。因此，要建立良好的科技伦理道德观不仅要构建强有力的现代法律约束机制，也要充分弘扬正确的科技伦理道德观，发挥科技研究的正向价值。李秋甫等（2022）则强调要形成科技伦理道德观，只有在正确科技伦理道德观的引导下，才能正确地认识现实，开发适应社会经济需要的技术，在适宜的领域应用与创造价值。计海庆（2022）则从科技伦理审查制度的视角进行了分析，认为当前我国伦理审查制度还不健全，对于许多科学技术行为的约束力还不强。鲁晓等（2022）也认为，作为自愿性管理工具，科技伦理委员会往往独立性不足，相应的伦理审查制度不全面，缺乏有效的制度支持，因此需要从完善伦理审查制度建设和提升伦理委员会独立性两方面来增强自愿性审查工具的作用。林思达等（2022）则通过对具体案例研究的分析，列举了近年来多发高发的科技伦理风险事件，从建立自查自纠伦理生态网络、搭建伦理治理信息化管理平台等方面为探索科技伦理治理的新模式提供了思路。

通过现有文献研究可以看出，虽然学者对强化科技伦理治理的具体路径提出了不同看法，但是总的来说，要让科技伦理治理同科技发展水平同步提升已成为当前学界共识。当前的研究对于科技伦理的治理主体以及如何开展治理工作也进行了初步探索，但还缺乏较为成体系的研究。因此，本文通过“主体-工具-价值”分析框架，进一步厘清了科技伦理治理中的关键性治理主体、治理工具选择、伦理价值形成等问题，提出了科技伦理治理体系。围绕治理体系探讨了当前我国科技伦理治理所面临的主要问题,并对相关治理问题提出了针对性的对策,为科技伦理治理体系有效发挥作用提供了借鉴与参考。

二、科技伦理治理体系构建及其必要性

1. “主体-工具-价值”分析框架

科技伦理的治理问题是一项包含多元参与主体的治理内容,要厘清治理过程中的各方责任义务,选择适宜的治理工具,就需要构建一套科学合理的分析框架,使得治理内容能够契合实际需求。基于上述要求,本研究构建的“主体-工具-价值”分析框架(图 1)如下:

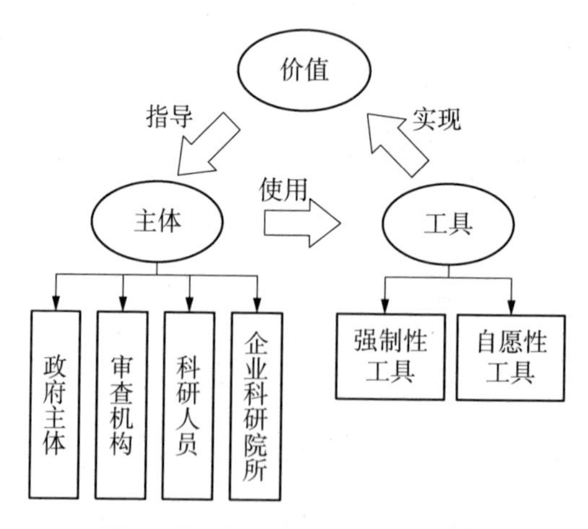

图 1 “主体-工具-价值”分析框架

从上述分析框架可以看出，在科技伦理的治理问题中，主体、工具、价值三项是相辅相成并存在一定内在联系的。在科技伦理中主体是治理的基础，各类治理工具是实现治理目标价值的手段，科技伦理治理目标价值则是精神内涵与行为指导。

具体而言，当前我国科技伦理治理是以政府主体为核心，审查机构、科研人员、科技型企业等其他主体为重要参与方来开展的。在这一过程中，政府主体发挥提纲挈领的作用，从法律制度、治理规范逻辑上进行引导，确定科技伦理的主流价值导向。审查机构则是重要参与方，对科技科研活动进行有效的监管、审查、评估。科研人员是治理的最直接对象，在具体科研行为中承担科技伦理社会责任。科技型企业或科研院所则主要肩负确保科技成果正确转换运用的责任。同时，也需要规范自身所属科研人员基本科技伦理道德的塑造，让其在科研生活中形成正确的伦理价值观与社会道德标准。

在具体工具的运用上，由于不同主体权责划分存在一定差异，因而能使用的治理手段与工具也有所不同。一般而言，根据约束力强弱可以分为：强制性工具和自愿性工具两类。其中强制性工具主要基于政府所制定的法律法规或行政手段来发挥其强制治理效力；自愿性工具则主要基于各类伦理审查机构、科研工作者、科技型企业、科研团体等，出于自律性管理要求，从一般社会伦理道德角度出发，通过同行评审等形式开展的科技伦理治理。

在价值层面，任何科学技术活动的最终目的都是为当前社会发展而服务的，而这一价值目标的实现，需要科研工作者以及相关团体组织能始终秉持正确的科研价值观。因此，树立正确的科技伦理价值观，是科技伦理治理体系效力发挥的核心要义。任何科研主体都需要在此科技伦理价值观的指引下，通过合理运用科技伦理治理工具手段，规范自身科技科研行为方式，有效形成科技伦理治理合力，创造更健康优质的科研环境。

2. 科技伦理治理体系构建必要性分析

科技伦理是规范科研行为、防范科研风险的重要手段，当前随着日新月异的科学技术进步，使得许多因科技发展带来的问题日趋复杂，也逐渐超出了传统社会伦理道德所能解决的范畴。因而，有必要建立有效的科技伦理治理体系，以应对当前科学技术发展所带来的新要求。结合我国科技伦理发展实际，构建科技伦理治理体系的必要性主要有以下三点。

一是提升我国在国际科技伦理领域话语权的需要。当前，为应对各类潜在科研风险与危险，避免出现危害人类发展的科技产物，通过科技伦理治理来约束科研行为已成为国际社会的共识与重要举措。但其中也不乏部分国家以科技伦理治理问题为由，干涉我国正常科研行为，造成国际舆论压力，对我国科技领域国际声誉造成不良影响。因此，我们有必要扎实开展科技伦理治理体系建设，一方面深入思考科技伦理的重要内涵，避免科研行为被个人利益、商业利益所捆绑，避免产生影响恶劣的科技伦理事件。另一方面，通过对于科技伦理治理体系的深入建设研究，构建国际认可的科技伦理治理标准，切实提升我国在国际科技伦理领域的话语权。

二是营造我国良好科技科研生态的需要。构建科技伦理治理体系，有助于优化我国科研生态环境，推进我国实现从科技大国向科技强国的转变。当前正是因为科技伦理治理体系的缺失，导致我国许多科技科研活动在指标、结果导向的作用下，变成“唯论文、唯项目”来评价活动的有效性与成就的情况。此类科技科研大环境风气，容易导致许多科研人员急功近利，不能扎实开展科研，投机取巧，空造噱头，乃至违背科技伦理道德，造成恶性竞争。因此，有必要通过构建良好的科技伦理治理体系，纠正当前科技科研活动中存在的不正之风，创造有利于科技活动平稳有序推进的外部环境。

三是降低科技风险危害的需要。当前许多科技风险并非产生于一朝一夕，更多是较长时间风险积累的集中爆发，产生这一情况的原因主要是因为缺乏有效的科技伦理监管体系，不能形成常态化监督审查，导致科技风险积累。因此，建立有效的科技伦理治理体系，可以在一定程度上通过权衡科技活动的潜在风险成本与收益，对科技活动进行评估，进而采取干预措施，实现对科技风险的有效控制，防止风险积累，实现风险可控。

三、我国科技伦理治理面临的问题

通过“主体-工具-价值”的分析框架，依照遵循科技伦理治理主体在治理过程中运用不同治理工具实现科技伦理价值需要的分析路径，对当前我国科技伦理治理中面临的主要问题进行了分析。

1. 政府主体强制性工具建设有待完善

强制性工具是政治主体实现科技伦理治理目标的主要手段，也是当前我国科技科研活动的刚性伦理约束。但总体来说，我国在科技伦理方面的法治建设以及监管措施相较于大部分西方国家起步较晚，还存在诸多不完善之处。我国是在1991年中美合作医学项目上，被美方要求建立了我国首个伦理委员会，此后直到1997年我国才开始在医学科研领域设立伦理委员会用于科技伦理审查评估工作。同时，相较于美国单独设有的《政府伦理法》，我国在国家层面上的立法尚未有成文法涉及科技伦理相关内容。只是在医药食品相关领域颁布了部分指导性规范文件和指导原则，如表1所示。

表1　我国涉及科技伦理的相关文件

制定年份	文件名称	制定部门
1998	《涉及人体的生物医学研究伦理审查办法(试行)》	中华人民共和国卫生部
1999	《药品临床试验管理规范》	国家药品监督管理局
2003	《药物临床试验质量管理规范》	国家食品药品监督管理局
2007	《人体器官移植条例》	中华人民共和国国务院
2010	《药物临床试验伦理审查工作指导原则》	国家食品药品监督管理局
2015	《国际多中心药物临床试验指南(试行)》	国家食品药品监督管理总局
2016	《涉及人的生物医学研究伦理审查办法》	国家卫生和计划生育委员会

总体来说，上述文件缺乏高阶立法支撑，多是办法、规范、

条例、原则等,在监管约束力上有所不足,在相应标准上也较为含糊与松散,这些因素也容易造成在对相关科技伦理问题进行治理时,无法施行强有力的制裁手段,违反此类规则的法律成本较低,更容易导致违背科技伦理事件发生。

2. 自愿性工具效力发挥不足

当前,相较于强制性工具,我国对科技伦理治理更多的是运用自愿性工具,来作为强制性工具的有效补充,以伦理审查委员会等审查机构为主体的自愿性工具在当前科技伦理治理中发挥了十分重要的作用,但仍存在许多效力发挥不足的问题。

首先,当前我国科技伦理审查委员会等审查机构独立性不足,此类委员会多为科研机构自主设立,本机构人员有着较大的话语权。同时,在当前许多科研机构的管理体制下,伦理委员会只是其下属机构之一,在审查过程中往往会面临一定的管理高层压力,使得审查决策不免受到各方利益或最终决策者个人意志的影响,导致其审查职能的客观有效性大打折扣。其次,在相关科技伦理审查规范上我国也尚未形成统一的标准,由于科技活动的复杂性与专业性,不同的审查对象可能需要不同的审查标准与方案,但当前我国还尚未形成一套十分科学完整的审查方案流程，更多的是根据伦理委员会成员自身工作经验或道德水准来进行审查，以至于当前伦理审查标准不一。最后，当前科技伦理审查普遍缺乏持续性，我国许多科技科研项目的伦理审查，相较于标准的审查流程更像是论证会，只是对项目所提供资料进行伦理论证与评价，缺乏由专职人员对于项目进行深入的、跟踪性调查研究与反馈，导致许多科技伦理审查只是表面功夫，不能切实防范相关科技伦理风险。

3. 科技工作者伦理价值认知不足

科技工作者是科技工作的主体，科技伦理问题是否发生在一定程度上取决于科技工作者主观意志行为的选择，而伦理价值认知就是决定科技工作者行为选择的内在因素。但是当前许多科技工作者虽然在自身专业领域有着十分深厚的专业素养，但在伦理价值认知方面却较为缺乏。根据中国科学技术协会在 2013 年与 2018 年发布的两次全国科技工作者调查报告中显示。科技工作者中对于科技伦理了解程度为“了解一些”的比例不足 50％，“了解比较多的”仅有 11.2％，超过 40％的科技工作者选择的是“了解很少”“不了解”，可见当前科技工作者对于科技伦理价值认知还存在严重不足。此类现

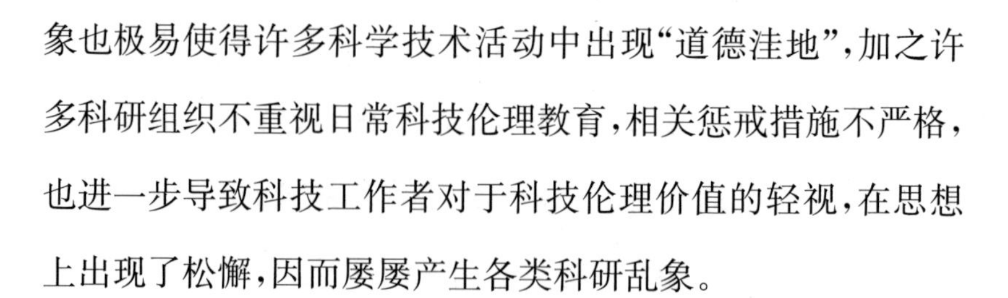

象也极易使得许多科学技术活动中出现“道德洼地”，加之许多科研组织不重视日常科技伦理教育，相关惩戒措施不严格，也进一步导致科技工作者对于科技伦理价值的轻视，在思想上出现了松懈，因而屡屡产生各类科研乱象。

4. 科技型企业与科研机构科技伦理教育不足

科技型企业与各类科研机构是科学技术活动与科技创新的主阵地，也走在了科技创新的最前沿。因此，科技型企业与科研机构是对相关科技工作者开展科技伦理教育工作的第一站。但是，在我国科技型企业与科研机构中，对于正确科技伦理价值观的引导与教育还存在许多不足之处。

首先，缺乏与专业知识相匹配的科技伦理道德教育内容，在大部分科技型企业与科研机构的教学与培训中，更加注重应用于实际工作中的专业知识传授与培训，对于道德伦理课程的培训多是泛泛而谈，较为空洞，与专业内容应用实际严重脱节，对于相关科技工作者伦理道德提升作用不大。其次，未将科技伦理道德作为考核科技工作者的重要标准。在企业或单位的工作考核中，没有设立相关伦理道德标准的考核，或此类考核标准较为宽松，这就导致许多科技工作者缺乏责任意识，漠视科技伦理，只为满足个人利益而使企业或单位蒙受较

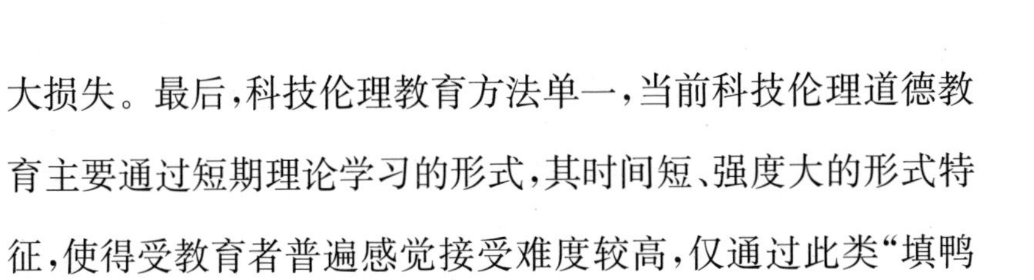

大损失。最后，科技伦理教育方法单一，当前科技伦理道德教育主要通过短期理论学习的形式，其时间短、强度大的形式特征，使得受教育者普遍感觉接受难度较高，仅通过此类“填鸭式”教学开展培训一方面不能有效引起科技工作者对于科技伦理的重视，另一方面缺乏实践场景也使得在面对具体现实情况时，科技工作者无法有效处理涉及科技伦理的相关问题。

四、构建科技伦理治理体系的对策

从问题分析中可以看出，我国科技伦理治理体系的建设任重道远，许多关键性问题亟待解决与完善，基于此本文结合当前我国国情与科技发展现状，提出了相应的科技伦理治理体系构建对策。

1. 完善立法提升科技伦理强制性工具效力

强制性工具是实现对于科技伦理治理最直接的手段，但是在我国当前还缺乏有效的法律支持以确保强制性工具效力。基于此，可以考虑从以下两方面来完善立法以提升强制性工具效力。一方面，推动国家层面立法，科技活动已成为当前影响国家长久稳定发展的重要活动，科技伦理问题不容忽视，因此应积极推动国家层面形成相关科技伦理法案，或对现行由单一部门出台的制度、准则、方案进行有效整合，联合多部门印发更高层次的管理办法。对于科技伦理治理中的具体问题，通过更为细致、可实践、可操作的管理条例，使得运用强制性工具开展科技伦理问题治理时更有约束力与震慑力。另一方面，以法律形式确立科技伦理审查委员会等自愿性工具的法律主体资格。要通过明确的法律形式，确定各类自愿性工具的主体作用，实现强制性与自愿性工具的配合运用，更好地确保科技活动中的伦理安全。

2. 不断推动科技伦理自愿性工具规范建设

在科技伦理委员会等科技伦理治理自愿性工具方面，要不断强化其规范性建设。一方面要积极学习国外关于科技伦理治理相关的有益内容，制订规范化科技伦理审查标准。如可借鉴世界卫生组织在开展伦理审查时的工作流程，除了关注审查对象提供的书面材料外，更多地关注审查对象是否具备相应的技术资格、硬件条件以及查询相关历史科研记录情况等，从更为全面深入的角度制订科技伦理审查流程。另一方面，建立长期性科技伦理审查机制，科技伦理审查要伴随科学技术项目自始至终，而非单纯的一次论证。因此要通过跟

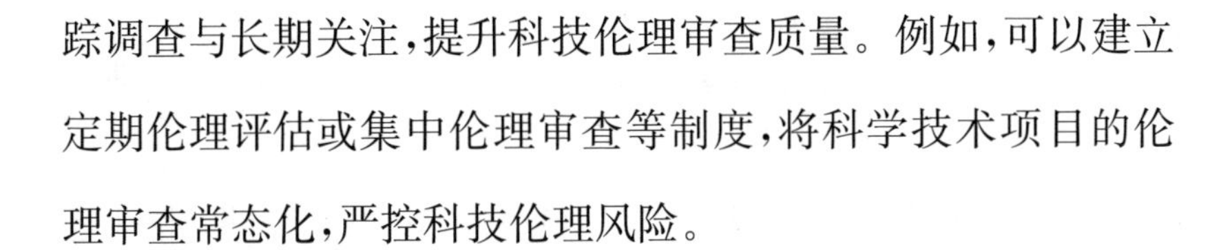

踪调查与长期关注，提升科技伦理审查质量。例如，可以建立定期伦理评估或集中伦理审查等制度，将科学技术项目的伦理审查常态化，严控科技伦理风险。

3. 不断提升相关科技工作者对科技伦理价值的认知

提升科技工作者对于科技伦理价值认知是规范与引导其正确开展科研活动的有效手段，具体而言可以从两方面来进行提升。一方面，对现有科研工作评价机制进行丰富与完善，在保留原有对于专业技能的标准要求外，强化对于学术道德规范与科技伦理的考察内容，将违背科技伦理行为列入考核标准中，加大对相关行为的惩戒力度，通过硬性标准要求科技工作者认知科技伦理价值的重要性。另一方面，拓展相关科技工作者提升自身科技伦理价值认知的渠道，适当减少单纯讲规章制度、讲理论的科技伦理教育培训。可以考虑通过更多地邀请专业学者开展主题讲座、进行案例学习分析研讨、开展主题实践教育活动等形式来进行科技伦理价值教育，通过多形式、多渠道让科技工作者切实体会到遵守科技伦理的重要性。

4. 加强企业员工科技伦理价值教育引导与观念塑造

科技型企业是实现科研技术成果转化的第一线,也许是许多科技工作者开展自身科研工作的第一站,对此科技型企业也应积极履行自身对于科技工作者科技伦理价值教育引导与观念初步塑造的主体责任。一方面,要在日常企业管理中,将科技伦理、职业道德教育等内容融入其中,通过定期学习员工手册、开展技术讨论辩论等形式,在企业自上而下建立正确的科研观,树立企业技术创新服务为民的基本观念,培养其自觉遵守科技伦理的习惯,从而认识到不能罔顾企业社会责任、忽视社会公众利益、开展违背科技伦理的技术活动。另一方面,要将科技伦理教育同科技型企业自身业务内容深入结合,在丰富科技伦理价值教育内容的同时,增强其在企业具体技术研发场景中的应用性。让相关企业中从事科技工作的员工在面临不同现实情况时,能根据实际情况进行正确的科技伦理道德抉择,以更强的责任意识与态度开展科技科研活动。

五、结语

聚焦当前科技伦理治理问题,通过构建“主体-工具-价值”分析框架，从科技伦理治理主体、治理工具、价值实现需求三方面，深入剖析了当前我国科技伦理治理中存在的问题与风险，并从提升科技伦理强制性工具的效力、推动自愿性工具规范建设、强化科研人员的伦理价值认知，以及加强企业伦理价值教育等四方面提出针对性治理措施。本文旨在构建一个完善的科技伦理治理体系，以确保科技创新活动符合伦理道德要求，并增强公众对科技创新活动信任，更好地助力我国科技创新健康发展。

（作者：张瀚允）

/ 参考文献 /

[1] 李桂花，锡宇飞．“让科技为人类造福”——试析习近平关于科技伦理的重要论述[J]．学习与探索，2019(11)：26－32＋194.
[2] 李秋甫，张慧，李正风．科技伦理治理的新型发展观探析[J]．中国行政管理，2022(03)：74－81.
[3] 计海庆．论科技伦理的治理创新[J]．华东师范大学学报(哲学社会科学版)，2022，54(05)：101－110＋190.
[4] 鲁晓，李欣哲，刘慧晖．科技伦理研究的方法论创新[J]．中国科学院院刊，2022，37(06)：794－803.
[5] 林思达，姜慧，张皓，林琼，曹梦蕾．共同富裕示范区科创高地建设，关键共性科技伦理风险研判及治理——基于文献综述与案例分析[J]．科技管理研究，2022，42(14)：229－234.

科技伦理漫谈

2022年8月，话题#海克斯科技的播放量超过了15.2亿次，某博主借助包括糖水加香精制成蜂蜜、明胶混合糖浆合成燕窝等一系列博人眼球的视频，再次引发人们对于科技发展所带来的社会安全隐患的广泛讨论。目前人们普遍认为应当通过在伦理和政治上控制科学活动来应对伴随科技进步产生的破坏性力量——它既可能影响人们的物质生活，比如环境污染；也可能冲击人们的道德观念，比如对克隆人问题产生模糊认知。而这就是我们所要讨论的科技伦理问题。面对当前科学技术产业化的新形势，我们需要立足于中国国情，汲取传统科技伦理思想养分，并借鉴国外的理论经验，通过扬弃来完善科技伦理思想。

如何合理使用科技带来的力量，这个问题实际上从文明之初就一直存在。在神话时代,当科技的概念处于蒙昧的混沌状态时,我们的祖先早已认识它所蕴含的伟力,也因此将它奉上神坛。科技是神农,也是普罗米修斯等神明最重要的信仰内核。人们求知崇智、协作共进,把为人类求生存作为伦理指导科技发展的主旨。随着科学和哲学的萌芽,古代西方开始思考科技与伦理的联系。毕达哥拉斯学派最早认为不仅是伦理指导着科技发展,数(即科学规律)是道德的来源与本质,新科技塑造新道德、新伦理。这之后进而发展出为病人服务、尊师重道、同行相敬的医德规范体系。

中国古代科技伦理思想在先秦时期百花齐放后归于统一。儒家代表地主阶级利益提出轻技重道的封建社会科技伦理思想。道家则是最早对科技进行批判性思辨,认为科技进步是社会混乱的根源,主张绝圣弃智、以道驭技。而法家鼓励科技发展,构建明乎物性、毋作淫巧、人与天调的科技伦理思想①。墨家的科技伦理思想代表了小生产者的利益,求真理,爱科学,利天下,尚法仪。它主张科技应为天下兴利除害,崇智求真、义利统一和道技合一,兼顾节用非攻的生态伦理。墨家的理论是古代科技伦理思想的奇峰,与当代的观念遥相呼应。到明清时期,已逐步形成将

① 程现昆.科技伦理研究论纲[D].吉林大学,2008.

天人合一作为哲学基础、以道驭技作为理论核心、以人为本作为价值归依，并以经世致用为突出特点的中国古代科技伦理①。

随着科技三次革命式跃进近现代科技伦理思想也在不断完善，马克思主义的科技伦理的大厦正在建成。科技与道德构成辩证统一的关系，道德是一定社会经济状况的产物，生产力决定生产关系，经济基础决定上层建筑。科技变革带来的生产力进步改变了社会的经济状况，推动思想道德进一步解放。而道德对科技也有实际影响力。文艺复兴时期正是科技伦理的兴起，赋予道德以新的怀疑批判精神、实证精神和创新精神，不再受到人们的思想禁锢，将创造的权力由教廷还给大众，之后才有哥白尼的天体理论、经典力学和进化论等科学的新思维、新观点和新理论，开启了科学的新时代。

在中国传统的科技伦理思想发展过程中，始终强调以造福人类作为科技发展的最高宗旨，几千年来已经将科技以人为本的价值要求深深根植于科学家或者说工匠的心灵之中。“科学绝不是一种自私自利的享受。有幸能够致力于科学研究的人，首先应该拿出自己的学识为人类服务”②。但随着社会对科学

---

① 陈万球. 中国传统科技伦理思想研究[D]. 湖南师范大学，2008.

② 张德昭. 深度的人文关怀：环境伦理学的内在价值范畴研究[M]. 北京：中国社会科学出版社，2006.

研究的系统化、产业化发展的需求，科技工作者的人数也在迅猛发展，此时沿袭旧制——依靠科学家或工匠意识中的“科学良心”和“超我”约束规范所有的科技活动——不能完全满足目前效益与求知双重目标并行的科学大时代。除了科学家或工匠的道德自律，还必须要强调建立外在的有力规范结构。

当代科技伦理规范的是科学技术实践活动而非科学技术知识本身。它强调我们需要辩证看待科技与道德的关系，这不是科技决定论，也不是道德决定论，更不是科技中立说，科技与道德二者之间存在着的是深刻而紧密的联系①。当代的科技伦理学说不反对科技，看重的是要通过伦理道德对科技的使用进行疏导，规避科技的异化，要让科技永远为人类服务、为国家服务。它也要求重视生态伦理问题，不仅为当前的人类服务，也要为以后的人类服务。它强调的是全人类的道德问题。通过遵循增进人类福祉、尊重生命权利、坚持公平公正、坚守公开透明的新时代科技伦理原则，我们的科技活动必能不断增强人民获得感、幸福感、安全感，促进社会和谐发展！

（作者：金森磊　廉鹏飞　孔泽斌）

---

① 王维平，廖扬眉.《资本论》阐释科技伦理思想的三重维度：文本、逻辑和内涵[J]. 自然辩证法通讯，2022，44(10)：87－93.

科学应当怎样发展？

随着科学日兴，人们越来越受益于科学成果带来的社会福利，科技逐渐服务于人的衣食住行、生老病死的方方面面。我们用尽力气，像对待孩子一样“喂养”“培育”“调教”科学，力图把科学训练成一个成熟稳重、有能力“反哺”人类的大人，科学也确实为人类带来美好的现代生活。然而孩子总是会出现各种问题，当科学从最初的懵懂孩童长成了一个要求“自我”的青少年时，却叛逆地把拳头挥向了人类社会。

在生命不被珍重、平等不被承认、法律毛羽未丰的年代里，一些人或为了“纯粹的科学”，或出于扭曲的好奇心，用残忍不仁的手段进行科学实验。而近些年，“AI 诈骗”“网络信息窃取”“换头术”“基因编辑婴儿”等挑战科技伦理道德的事件迭出,引发了广泛的讨论。科学促进了人类社会与文明的赓续,却又隐藏着危险和不安,把人类置于忧虑的阴霾中。我们不得不思考:科学应当怎样发展?

科学原理本身客观存在而无对错,但科学由人主宰,与人的社会结合,受人的伦理评判,就有了是非善恶。难道我们可以为了研究近亲生子而让兄妹结合吗?难道我们可以在做动物实验时可以任其痛苦吗?人类社会需要科学,有了科学这个发酵粉,人类社会这块面团才能变成松软可口的大馒头。而没有约束的科学就像加了三聚氰胺的三鹿奶粉,表面上含有丰富的"蛋白质",实际上只会荼毒人类和危害社会。因此,我们要引导科技向善发展。怎么做呢?关键在于把握科技和伦理的关系。

科技和伦理是相互促进的。科学作为生产力为人类进步提供动力,伦理则作为社会规范维护人类的可持续发展,科技的发展促进伦理的完善,伦理的规范引导科学的前进。

科技和伦理是相互制约的。一个孩子出现问题,那么孩子和家长都有问题。科学由于具有广泛的自主性和极大的可能性,它的发展边界难以掌握,所以才可能出现问题。而人具有社会性和确定性,如果人受制于伦理和法律,其发展科学的手段也能够得到控制。所以伦理对科学的制约性是通过"人"

实现的,"人"既是这一关系的链接,也是这一关系的主体,倡导科技伦理实际是倡导人应当在遵守伦理道德和法律法规的条件下发展科学。

为此,借鉴阿西莫夫(Isaac Asimov)的机器人学三大法则,我们可以提出科技伦理的三大法则:

(1) 科学实验不得伤害人类和滥用其他生物,也不得挑战人类既存法律和道德;

(2) 除非违背第一法则,科学的最终成果应当服务于人类利益;

(3) 在不违背第一及第二法则的情况下,科学可以尽可能地发展自己。

总之,科学是人的科学,科学应当为人类幸福而发展。

(作者:朱敏)

浅论核能利用的伦理风险及原则：以切尔诺贝利事故为例

自1896年法国物理学家贝克勒尔(Antoine Henri Becquerel)发现放射性现象，人类开始逐步加快对于微观物质世界的科学探索，并最终打开了核能利用的宝库，人类文明从此步入崭新的原子能时代。

以核能为代表的核科学与技术的特定应用，一方面给人类社会提供了清洁高效的核电能源，带来了彻底解决世界能源危机的曙光；另一方面，核能发展历史上的数次严重事故，也时刻提醒着人们其潜在的核泄漏与核安全的风险。

作为带有伦理及价值判断难题的实践活动，核科学与技术的每一次重大进步与发现，都在不断促进其关于伦理问题的思考与讨论。核能利用所涉及的伦理风险大致可划分为生态风险、人体健康风险和社会风险，我们且以切尔诺贝利事故为例进行分析，增进对核能利用伦理风险的直观感受。

1986年4月26日凌晨1点23分，位于乌克兰境内的切尔诺贝利核电厂的第四号反应堆发生爆炸，成为核电时代以来最大的事故。从生态风险上来看，这场事故发生以后，大量铀、锶、钴、镭等辐射物质泄漏到大气、水体和土地中，导致20多万平方公里的土地受到污染，周围30公里范围被划为隔离区，附近1000公顷森林逐渐死亡。

从人体健康风险来看，这场辐射灾难带来的后果令人触目惊心，30余人当场死亡，200多人受到严重的放射性辐射，在之后的15年内有8万人因此而死亡，17万人遭受不同程度的辐射疾病折磨。

从社会风险来看，这次事故引发了世界范围内人们对核电的恐惧与不信任，各国开始重新审视长久以来未得到足够重视的核电安全生产工作，并进一步探讨核能潜在的危机与弊端，人类对核能的利用也因此一度被按下了“停止键”。

然而，正如任何事物的发展都是前进性与曲折性的统一，对核能伦理风险的探讨与认识，是为了向前，而非停滞。

切尔诺贝利事故发生以后，人类社会对核能利用的伦理探讨迎来一次新的高峰，这客观上促进了核能在安全设计理念及技术上的完善与进步。世界各国也逐步加快构建完善的核科学与技术伦理规范体系,并建立较为成熟的风险评估、沟通和管理制度,积极营造正当、安全、和平的核技术利用环境。

习近平总书记曾提出:“我们要坚持理性、协调、并进的核安全观,把核安全进程纳入健康持续发展的轨道”,强调了“可持续”对于核能领域发展的重要意义。人是衡量万物的价值尺度,只有坚持以人为价值基点的观念,核科学与技术的进步与发展,才能真正为人类带来长远的幸福,因此核能利用要以真正促进人与自然和谐共生为目标,遵循“以人为本”的基本科技伦理。

让我们一起期待核科学与技术更美好的明天!

(作者:杨志鹏)

“阿拉丁神灯”抑或“潘多拉魔盒”?:伦理视角下的科技进步

当今人类社会正处在科学技术突飞猛进的时代,近代两百年的科技发展已经超越以往数千年的发展。在科技创新发展过程中,人们常常关注科技带来的社会福祉,而忽视了其可能产生的负面效应和伦理风险问题。科技本身并没有善恶,不能因为科技会带来危害就不发展。爱因斯坦认为,科学是一种强有力的工具,怎样用它,究竟给人类带来幸福还是带来灾难,全都取决于人类自己,而不取决于工具。

科技伦理是与科技活动相关联的人或活动的行为规范和准则,它反映了科学活动的共同本质和人类对科技活动的共同理想。科技伦理则不仅关注科研人员内部道德,还关注科

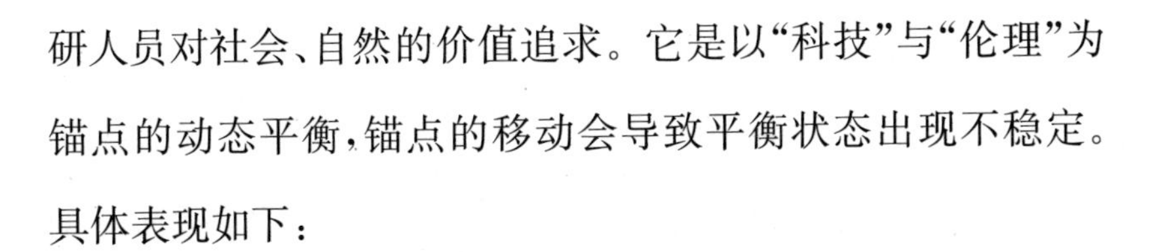

研人员对社会、自然的价值追求。它是以“科技”与“伦理”为锚点的动态平衡,锚点的移动会导致平衡状态出现不稳定。具体表现如下:

一、就技术本身而言,很多新技术往往具有正反双重用途,具有很大的不可预测性和不可控性。例如人工智能技术把人类从简单、重复性劳动中解放出来的同时,会不会某一天具有自我意识,进而“取人类而代之”?人脸识别技术在打击拐卖人口、侦破各类案件、提高支付便捷度方面都发挥了巨大的作用,但人脸数据也会对个体的安全造成危害;抗生素拯救了很多人的生命,但它的滥用使得很多病毒产生了抗药性,导致疾病的治疗越来越难;无人机已经在遥感、农业、灾害救援等方面发挥了巨大的作用,同时也被用于战争,在全球关注的俄乌战争中,双方都大规模采用了无人机攻击士兵,大量生命因此丧生。

二、就技术研发的目的而言,某些国家纯粹是基于政治、军事、经济垄断等目的,为了打击对手发展危害性极大的科学技术,例如基因武器、杀人武器、气象武器、生化武器、核武器等。无论某些国家是否人为制造并释放了病毒,但不可否认的是,一些国家确实已经具备了这方面的能力。此类技术研发的目的就有违伦理,只会让科技走向歧途。

三、就技术实施应用而言：科技实施中的伦理问题也越来越突出。例如自动驾驶引发的交通事故责任如何划分；AI程序设计出的工业产品、艺术品的知识产权到底归属于AI程序设计者还是AI使用者；人造胚胎引发的人类伦理问题；仿制药在专利侵权和救治穷人方面如何取得平衡；减少碳排放、实现碳中和与发展中国家的发展利益如何平衡，等等，这些都是需要深入探讨的。

如果说具体的科技成果是微观的、可以归类于行为方法逻辑的“术”，科技伦理就是宏观层面、可以归类于底层逻辑的“道”。老子说，“有道无术，术尚可求也。有术无道，止于术。”庄子说，“以道驭术，术必成。离道之术，术必衰。”《孙子兵法》说，“道为术之灵，术为道之体；以道统术，以术得道。”科技进步的“术”如果符合科技伦理的“道”，就是帮助人类实现美好愿望的“阿拉丁神灯”，否则就是失去控制、带来灾难的“潘多拉魔盒”。目前我们很可能处于新一轮科技革命的前夜，就目前已经渐显峥嵘的人工智能、新能源、量子技术来看，未来新技术对人类社会的影响无论从横向的广度、纵向的深度都会是前所未有的。如果运用得当，人类文明的发展将会一日千里；如果运用失控，人类的未来会很黯淡，甚至会走向万劫不复的境地。人类未来发展到底走向何方,需要重视、正视、强化科技伦理的作用,才能使科技进步发挥“阿拉丁神灯”的魔力!

(作者:王京阳)

第三章

探究生命伦理

化妆品的头号试用员：鸡蛋

轻轻地在生鸡蛋的一端开个“天窗”，撕掉顶层薄膜后，再滴入几滴化妆精华。这是在给鸡蛋做保养？还是什么新兴的料理菜式？其实这是一项化妆品测试试验，全称为鸡胚绒毛尿囊膜试验（HET-CAM），用于测试化妆品对眼睛的刺激性，它替代了传统的活兔眼刺激试验，被广泛应用于各类化妆品开发。

鸡蛋是怎么成为化妆品试用员的呢？这还得从化妆品的安全性测试说起，目前化妆品安全性测试主要有三种，分别是德莱蒙测试（眼睛刺激性测试）、皮肤刺激性测试和 LD_{50} 测试（半数致死量测试）。先前提到的鸡胚绒毛尿囊膜试验，便是眼刺激性测试的一种。此前研究者一直将兔子作为该测试的实验对象。因为兔子没有泪水，在兔眼中滴加测试物也不会被泪水冲掉，是理想的眼刺激性测试动物。但试验的副作用是巨大的，每年有数以万计的兔子因此出现眼睛病变，甚至失明。据不完全统计，仅欧洲每年就有约 5 000 只兔子被用于眼刺激性试验，如果有合适的动物实验替代技术，这些兔子便可脱离眼疾之痛，从这项试验中被解救出来。

要建立合适的动物实验替代技术并不容易，除了活体兔子的眼睛，还有什么实验材料是接近于人眼生理状态的吗？想必你还记得我们敲开的那枚鸡蛋，在轻轻剥开蛋壳与鸡胚外膜后会发现一层布满血管的黄色绒膜，这便是绒毛尿囊膜。它是包围在鸡胚周围的一个呼吸性膜，具有血管系统丰富、膜层透明且脆弱等特点，和人类的眼睛十分相像。利用这些特点，我们便可在受精鸡胚上下功夫，完成化妆品的眼刺激性测试。将待测试的化妆品溶剂滴在尿囊膜上，观察它对膜上血管的破坏程度，如果溶剂对血管的影响微小且符合标准，即可认为该化妆品通过了眼刺激性测试，可以在市面上推广售卖。

利用鸡胚绒毛尿囊膜试验代替传统的活兔眼刺激试验，体现了实验动物福利“3Rs”(减少 reduction、优化 refinement 和替代 replacement)原则中的替代原则。该技术既减少了动物痛苦的发生，提高了实验动物的福利，还降低了实验的操作难度，毕竟相对于有意识的活体高等动物，无知觉的材料更便于操作，所得出的数据也更易于被检测。对于科研工作者来说，向善而行是科技伦理发展的方向。实验动物为科学研究和人类健康做出了重要的贡献，遵循“3Rs”原则是科技伦理观最好的体现。在人类科技发展的进程中，我们不能缺少这一份人道的坚持，因为它是人类文明的标志，是和谐发展的保障。

（作者：严观砚　黄璞祎）

“人脸蔬菜”真的会出现吗？

故事的起因是刚上初中的弟弟不吃饭了。虽说小胖子少吃几顿饭来减肥也不错，不过爱子心切的妈妈可不会这么想。在妈妈的焦急询问下我们才知道，原来导致弟弟不吃饭的“罪魁祸首”是一幅关于转基因技术的科普漫画——两个人拿着几棵长着人脸的蔬菜。

转基因转出来蔬菜“兄弟”？仔细想想，确实惊悚，要是以后吃的蔬菜都和自己有着一样的基因和一样的脸，那可真是难以下咽了。不过，从科学的角度出发，“人脸蔬菜”真的会出现吗？

首先，要想回答这个问题就得先弄明白什么是转基因技术。转基因即转基因技术（Genetically Modified，简称 GM），是指运用科学手段,从某种生物体基因组中提取所需要的目的基因,或者人工合成指定序列的基因片段,将其转入另一种生物中,使其与另一种生物的基因组进行重组,再从重组体中进行数代的人工选育,从而获得具有特定的遗传性状个体的技术①。那什么是基因呢?在我们的身体内有许许多多的蛋白质,每种蛋白质都有其自身特定的遗传信息用于对性状进行编码。这些蛋白质会被储存在染色体的DNA链中,而基因就是具有遗传效应的DNA片段。这样说来,基因的存在就会直接决定生物的性状。打个比方,一只老鼠当然不会发光,但是当我们为老鼠植入类似萤火虫发光的基因后,那这只老鼠就有可能成为"萤火鼠",在黑夜里无处遁形。在影视作品中也有很多例子,比如漫威英雄"蜘蛛侠"就是意外被受过放射性感染的蜘蛛咬到,才从普通人变为上天入地的超级英雄。

这样看来,基因可真是无所不能啊。有人会想,普通人想要拥有什么能力那岂不是通过一个转基因手术就能做到。真的如此吗?

首先从目前科技的发展水平上,变成超级英雄并不现实。

① 赵弢. 理性看待转基因问题[J]. 农机与食品机械,2014,000(003):P. 15 - 18,21.

为什么呢？因为基因是一个极为复杂的人体秘密，有着极为庞大的数量。人类染色体 DNA 的总长度为 30 亿碱基对，要想实现转基因技术就必须先对该段基因的功能有所了解，而以目前的科技水平并不能实现对基因的全知全解，因此这一想法不现实。除此之外，目的基因只能是自然界中已存在的基因，如果自然界中没有该目的基因那么想要实现转基因手术是不可能的。

其次，是科技伦理观念的制约。科技伦理是指科技创新活动中人与社会、人与自然和人与人关系的思想与行为准则。它规定了科技工作者及其共同体应恪守的价值观念、社会责任和行为规范。科技是一种手段，其根本目的是造福人类，实现人类社会的进步。如果滥用转基因技术势必会导致社会秩序陷入混乱。设想一下，当你走在路上，头上突然飞过一个“蜘蛛侠”，对面街上两个“绿巨人”正在打架，那场面将会多么惊悚。

受以上原因的制约，“人脸蔬菜”出现的可能性是极低的。

（作者：张雨晴）

/ 参考文献 /

[1] 姜萍,殷正坤.转基因食品安全的几个问题[J].科学学研究,2002,20(01):62-66.

[2] 张芙蓉.浅议我国食品安全领域中的科技伦理问题[J].学理论,2013(10):81-82.

人类“替难者”，实验动物的伦理与福利保护

“过街老鼠人人喊打”“一粒耗子屎坏了一锅汤”，在人们的固有思想里，老鼠都是丑陋、讨厌的，贴在老鼠身上的标签从来都是贬义词。其实老鼠也有大作用，在生物医学的实验中会大量运用老鼠进行实验，它们只是实验动物中普通的一员。实验动物为了人类生命科学的发展，担当人类“替难者”。

实验动物由人工饲养，它们不需要像野生动物那样觅食、繁殖、躲避天敌，它们的悲欢喜乐都由人类决定。为保护实验中的动物不被伤害，约束科研人员在实验操作中的行为规范，动物实验伦理和动物福利理念被提出，最常见的为“3Rs”和“5F”原则。“3Rs”原则为：替代、减少、优化。简单来说，“替代”就是尽可能使用非动物实验来代替动物实验，例如使用计

算机模型模拟动物进行研究和试验,或是使用比较低等的动物、动物细胞、组织、器官替代动物;"减少"即在动物实验时尽量减少动物的使用量;"优化"则是尽量减少实验过程对动物造成伤害,减轻动物的痛苦,这也是为什么有些动物实验必须在麻醉环境下进行的原因。"5F"原则为:生理福利、环境福利、卫生福利、心理福利、行为福利,即为实验动物享有不受饥渴的自由;享有生活舒适的自由;享有不受痛苦、伤害和疾病的自由;享有生活无恐惧和无悲伤的自由;享有表达天性的自由。有研究表明,参与科学实验的动物生活和心理状态越接近它们在大自然中的水平,实验所得的数据也越真实①。

为保护实验动物,认为有下列行为之一者,视为虐待实验动物:非实验需要,挑逗、激怒、殴打、电击或用有刺激性食品、化学药品、毒品伤害实验动物的;非实验需要,故意损害实验动物器官的;进行解剖、手术或器官移植时,不按规定对实验动物采取麻醉或其他镇痛措施的;处死实验动物不使用安死术的等②。为保障实验动物的福利,有关部门特进行立法。绝大多数实验动物的宿命,是为人类生物医学发展奉献短暂

① 王明旭,赵明杰. 医学伦理学[M]. 北京:人民卫生出版社,2018,131-133.

② 郑燕,厉旭云,高铃铃等. 动物实验中贯彻动物福利的探讨[J]. 基础医学教育,2022,24(06):431-435.

的一生,随着实验结束,它们的生命也往往结束。以小白鼠为例,在试验进行完毕后,实验中所用到的小白鼠都会被处死,一方面可以防止将疾病传染给健康的鼠群,另一方面也能减轻小白鼠的痛苦。只有极少数实验动物达到退役标准后,可被领养得以安享余生。

人类生物医学的每一次突破,都离不开这些平凡而又伟大的实验动物,它们就像一颗颗铺路的沙粒,默默地躺在铺路石下,铺垫了科技进步与发展的道路。相信随着科技不断发展,未来会有越来越多的方法减少或替代动物实验。

(作者:刘名彦　孙景环)

安乐死可否被允许

安乐死(euthanasia)这个词最早来源于希腊文,本意指的是"无痛苦,幸福的死亡"。

但现在,安乐死的概念好像和原意相差甚远,它已然不是前面所说的身心安泰、无疾而终的意思。《牛津法律大辞典》对安乐死的解释是"指在不可救药的或病危患者的要求下所采取的引起或加速其死亡的措施"。所以安乐死不仅有安乐无痛苦死亡的意思,还有了无痛致死术的含义①。安乐死可以分为主动安乐死与被动安乐死②,而日常引发人们讨论的

① 赵恒琰.论积极安乐死的合法化[J].牡丹江大学学报,2021,30(02):78－85＋119.

② 沈铭贤.生命伦理学[M].北京:高等教育出版社,2003:149.

主要是主动安乐死。主动安乐死通常是患者请求医生或者他人通过药物手段来加速结束病人生命的方式。依照传统观念，西方许多宗教教义不支持安乐死，他们认为生命是神圣的，任何人都无权选择死亡；我国也受到几千年来的传统生死观的影响，通常都是谈生避死。随着时代的进步和发展，越来越多人的生死观也发生了改变，对安乐死的接受度越来越高①。因为没有人能够准确地认清死亡的本质。医院里有因疾病疼痛哀号、救治无望的病人，或许他们不想再饱受折磨，想要选择这种方式离去。出于对患者的人道主义关怀，目前为止有多个国家已经立法允许患者实施安乐死，如荷兰、比利时等。安乐死的支持者认为与其让患者处于巨大的疾痛之中，还不如让他们有尊严地、安然地离开。但实施安乐死也有十分严格的条件限制。荷兰之所以能够推行安乐死合法化，与其发达的经济状况、领先国际的医疗水平以及健全的医疗保障制度是分不开的②。

我国还没有允许实施安乐死的法规，因为在制定法律条文时，需要考虑多方面的因素。如传统文化和新兴思想的碰

① 孙延宁. 西方宗教视角下的安乐死：传统观念、演变及影响[J]. 时代人物，2021(18)：0047－0049.

② 剧丽婵. 论安乐死合法化在中国的可行性[J]. 河北农机，2021(2)：115－117.

撞，生命权和自由权的博弈等[1]。除此之外，安乐死还涉及很多伦理问题，比如医道与人道之间的问题：什么是医道？是不是不管病人是否舒适，只要维持着他人的生命就是医道呢？还是为了解除病人的极度痛苦而采取“仁慈致死”是医道呢？把医者置于人道与法律之间的两难境地，这个问题非常尖锐，所以这也是安乐死立法的另一重阻碍。如中国首例安乐死事件中，蒲连升在病人家属的再三请求下为处在极度痛苦中的患者注射了药物，转而他被告上了法庭，他的生活也受到了很严重的影响。安乐死也可能会被别有用心之人所利用，造成更多的社会问题。

面对如此严肃的问题，难免会存在许多争议。虽然实施主动安乐死有其合理性，但仍然需要考虑很多社会因素。而我们在讨论这一问题的同时，更需要关注的是在社会中树立正确的生死观，引导大家体会和珍惜生命的价值。

（作者：王璐　王玉婷　李琳）

---

① 剧丽婵.论安乐死合法化在中国的可行性[J].河北农机，2021(2)：115－117.

生命与科技之间的伦理纠葛

科技是推动社会发展的第一生产力，同时也是一把双刃剑，人与自然、社会、自我、国家的关系在科技进步的同时也在发生变化，因此伦理问题不容忽视。克隆技术、基因编辑等关乎人的生命研究，都出现了需要社会每个人积极应对的伦理问题。面对一系列问题，如何制订、推广、实行与科技一同进步的学术规范，引导科研活动与道德伦理相适应，个人如何在学术规范的引导下从事科研活动，这都是科研工作者未来的重要课题。

科技与伦理之间的关系

伦理是人在处理自身与他人、社会、自然之间关系的行为准则，一种人们共有的价值观、道德观；伦理往往从过往的经验中总结，不断调节自身以适应当下的发展格局。而人们在面对新事物时，原有的价值观并不能在短时间内与之相适应，近代以来科技发展日新月异，科技在推动社会飞速发展的同时，也与人们原有的价值观、道德观产生了一定的冲突，在某些领域引发了伦理问题。

科研活动与生命伦理之间存在问题

科学本身是中立的，但科研工作者是有立场的。一个项目从立项到筹划，开发到实际运用，掺杂着人的活动、思想、各集团的利益纠葛，倘若没有道德法规和学术规范的约束和限制，科研成果极有可能失去推动社会发展的能力，甚至会被不法分子窃取，被非法使用而导致出现各方面的伦理问题。

如今克隆技术蓬勃发展，在生物技术和医学治疗领域带来了革命性的变化，在人造器官（Biological Artificial Organs）、抢救濒危物种等方面或多或少都需要克隆技术提供支持，但当克隆人成为可能后，与之相伴的伦理问题便开始浮出水面。

首先，克隆人为什么不被人类社会接纳？

传统伦理道德观念认为，人类一直遵循着自然生殖的规律，而克隆人是实验室中人为制造的生命，即使理论上克隆人与原生人类没有生理区别、生殖隔离，同属一个物种，但是大多数人仍会认为实验室造物与自然造物存在明显差距，将克隆人拒绝于人类社会之外。而导致这一问题的根本原因是，克隆人的出现违背了人类由繁育产生的自然规律，实验造物与人们原有的认识产生了偏差，科技与传统观念产生矛盾冲突，从而导致伦理问题出现，并且克隆人的存在极有可能会引起人类的认同危机，对人类本源的自我认识造成冲击。

倘若未来克隆人走出实验室，进入大众，又如何在原有的社会关系网中找到自己的立足之地？本体的家庭、好友、同事又如何看待一个有别于本体的“我”。这又是一个值得探讨的问题。

其次，我们应该如何辩证看待克隆技术与克隆人？

中国科学院院士何祚庥所言：“克隆人出现的伦理问题应该正视，但没有理由因此而反对科技的进步。”

诚然，克隆人涉及的伦理问题仍存在争议，但是克隆技术能为人类带来的利显然大于弊。从原理角度看，克隆技术实质上是一种无性繁殖技术，原理是将供体细胞的遗传物质移植到去除细胞核的卵细胞中，将两者合二为一，进行与其他普通细胞一致的分裂繁殖。而克隆人仅仅是克隆领域的一个分支，不能代表整个克隆领域。

与克隆人伦理存在大量争论不同，在农业育种中，人们能用克隆技术复制培育大量具有抗病害、高产的优质品种作物；在濒危物种保护中，克隆技术具有很强的救急属性，未来具有极大的应用前景；在医学领域，即使克隆人存在争议，但由母体细胞培育的人造器官与母体几乎不会产生排异反应，几乎彻底解决了器官适配问题，因此人造器官是那些等待器官移植的病患的更优选，并且人造器官能极大程度地缓解器官捐赠量远远低于需求量而产生的缺口；通过克隆人体无法再生的神经细胞、肌细胞并实现安全移植，或许能让治疗阿尔茨海默病(AD)、肌萎缩侧索硬化(俗称渐冻症，ALS)等不可再生细胞萎缩引起的病症成为可能。

在基因领域，自20世纪DNA双螺旋结构被发现至今，分子生物学蓬勃发展，揭示了一个生物学事实——DNA是绝大多数生物(包括人类)的遗传物质，DNA承载着生物遗传基因。如今，在理论上人们通过ZFNs、TALENs、CRISPR-Cas9等技术修改DNA排序，能对任意基因进行编辑修改。如果这一技术在未来被运用在治疗遗传病、疑难杂症等方面，将造福人类，但若是被用于非法的人体实验、基因改造、研制生物武器等方面，必然会造成不可估量的后果。在不远的未来，基因编辑仍存在大量问题需要讨论研究。

人体基因改造引起的社会矛盾将冲击当下人们的平等观，引起人与人之间分化加剧不平等的伦理问题。倘若未来基因编辑技术大规模运用，发展至商品化阶段，花费金钱就能购买特定功能的基因改造，不同功能、不同实现难度的基因改造被市场化定价。不同阶层的人承担基因改造的能力不同，基因改造会拉大人与人之间体能、大脑发育、免疫能力等多方面的差距，产生强者愈强，弱者愈弱的困局，加深人与人之间不平等的壁垒，不断驯化人们对社会固化的适应力，使人对社会固化愈发麻木，严重阻碍了人们实现人人平等社会的理想目标，冲击了人们内心中人人平等的价值观。

如何应对基因改造带来的公平危机，是一个十分值得研究的课题。

基因编辑的学术规范需要在不同的领域针对不同问题单独讨论制订，贯彻实事求是、求真务实的科学精神。在未来，基因编辑技术可能会运用在生物医学、农业育种等领域。针对不同的领域，科研工作者需要辩证看待基因编辑技术发挥的作用以及可能造成的影响，而不是一味肯定或否定。尤其是涉及人的生命研究方面，规范制订者应当考虑如何引导科研项目向保障人类生命安全、增进人类福祉的方向发展，同时考虑如何加强科研内部的伦理审查工作，保证科研事业对人伦关怀的重视，最终推动人类命运共同体良性发展。

如何用规范引导科研活动与伦理相适应

一、进行科技伦理教育与宣传工作。以国家力量推动科技伦理教育深入科研人才培育机构，逐步实现科学技术与科技伦理教育共同发展；全面组织伦理宣传教育工作，营造良性社会氛围，让科技伦理人文关怀观念深入人心，实现科研工作者科技伦理的培根铸魂、启智润心。

二、重视伦理委员会与伦理审查。2016 年 12 月 1 日起施行的《涉及人的生物医学研究伦理审查办法》第七条规定："从事涉及人的生物医学研究的医疗卫生机构是涉及人的生物医学研究伦理审查工作的管理责任主体，应当设立伦理委员会，并采取有效措施保障伦理委员会独立开展伦理审查工作"。涉及科研活动需要重视申请伦理审查的工作，通过正规审查，有国家力量作为背书是科研项目最终能造福人类的重要依据、证明。

三、以辩证法为指导思想引导传统观念与科研活动相适应。发展先进科学技术,不仅需要调整科研活动,也需要引导与当下社会适应能力弱的传统观念进行转变。用科学的辩证法解释、分析、纠正传统观念中不合理不科学的部分,就好比提倡用火葬取代传统土葬以阻断病毒传播。人类的道德伦理不是一成不变的,随着科技发展,不同环境会塑造不同的伦理价值观。而运用辩证法分析当下传统伦理与科研活动的矛盾,是每一位科研工作者的必修课题。

面对当下科技伦理问题,学术规范需要坚持的原则

坚持以人为本,推动社会进步。发展科技只是推动社会进步的手段、工具,而不是目的本身。科研工作者从人民群众中来,应走到人民群众中去,规范学术研究服务人民群众是极其必要的,一切的科研活动、学术研究都应该服务于人民群众,科研成果最终要解决人民群众的需求。强调人的主体性地位,坚定人道主义立场,禁止科技对人的物化,发展科技应当以促进社会生产力发展,促进人与人之间平等,实现生命权利自由为目标。

坚持敏感领域科研活动不能与商业活动联系。重大领域的科研活动,尤其是涉及人的生命安全等敏感性方面,原则上

不应引入商业资本参与,商业资本天然具有追求利润的性质,这与重大领域科研活动推动社会进步在不少问题上存在冲突,并且高精尖科研成果经过商业化包装,极有可能形成垄断,产生对现有成果的依赖,失去发展的动力,进一步阻碍科技继续发展。再者,将敏感性领域的科研成果商业化可能会引起更多伦理问题。

科研活动贯彻知情同意与知情选择原则。科研项目进行实验应当确保受试者、志愿者对实验具有知情权、自主选择权,有关人员应当在知道科研项目的真实信息、性质、存在的风险,以及可能造成的影响后,并作出明确同意后才能参与科研实验,而科研项目需要充分保障受试者出于自愿、自发而参与科研实验。

科研活动需要有方向、有纲领。重大科研项目往往需要投入大量的人力、物力、财力,拥有明确方向的纲领指导科研项目是十分有必要的,规范的科研活动能极大程度地避免不必要的浪费,并且有方向的科研活动能发挥集中力量办大事的优势,对于学术研究存在的难点攻坚有显著成效。

(作者:陆子健)

知情同意权：生物样本库捐献者的应有权利

生物样本库是标准化采集、处理、保存和利用健康及疾病个体的生物大分子、细胞、组织和器官等生物样本以及与其相关的临床、随访等信息的综合资源库。它可以对生物样本及相关信息进行科学的储藏和管理。生物样本一般来源于病人临床诊疗的剩余样本、健康人群自愿捐献的样本，如献血等。由于生物样本库主要用于未来的一些研究，其研究领域、具体方法、研究目的等都是不明确的，所以可能引发诸多伦理问题。而生物样本库捐献者的知情同意权就是其中之一。

生物样本库研究对于了解疾病发生发展过程，开展人类疾病预防、早期诊断、治疗等研究具有重要意义，但对于捐献者并没有直接的益处。捐献者都是本着为社会医疗事业做贡献的目的进行捐赠的,因此要充分保障捐献者的权益。应有权利即人的生存和发展的基本权利。知情同意权体现了对样本捐献者的尊重,维护了捐献者的应有权利,有利于维持研究者和捐献者的和谐关系。

知情同意权包括"知情告知"和"自主同意"[①]。知情告知即研究人员应全面告知捐献者建库原因、样本将用于何种研究,研究有何风险及收益、是否需要进行重新同意等。自主同意即捐献者对研究全面了解后自主决定是否向生物样本库捐赠样本并提供相关信息等。

知情同意模式主要有选择性参加、选择性退出、泛知情同意、多层次知情同意[②③④⑤]。选择性参加即民众了解研究相关信息后自主决定是否参加,当研究方向发生改变时需要进行二次同意。选择性退出一般用于临床剩余样本的采集,即

---

① 满秋红,薛江莉,杨亚军. 生物样本库知情同意书规范化设计[J]. 协和医学杂志,2019,10(01):77-80.

② 刘闵,翟晓梅,邱仁宗. 生物信息库的知情同意问题[J]. 中国医学伦理学,2009,22(02):31-33.

③ 赵励彦,丛亚丽,沈如群. 生物样本库研究的知情同意[J]. 医学与哲学(A),2016,37(03):36-39.

④ 杨成尚. 生物样本库建设过程中的知情同意问题[J]. 医学与哲学(A),2017,38(02):26-30.

⑤ Sollum K S, Bjørn M K, Berge S. Broad consent versus dynamic consent in biobank research: is passive participation an ethical problem? [J]. European journal of human genetics: EJHG, 2013,21(9).

研究者向民众提供研究相关信息,民众有选择拒绝参加的权利,否则将被认为默认参加。泛知情同意即对未来某一类型研究的同意,并非不受限制地将样本用于所有研究,当研究类型发生变动,需要再次征得捐献者的同意。多层次知情同意即在不同情况下选择相应的知情模式,以解决各种单一模式所带来的现实问题,比如知情同意过于形式化、过度化、未进行重新同意等。多层次知情同意模式下捐赠者对样本在未来如何使用享有更大的决定权[①]。

生物样本库知情同意权涉及参与者、研究者等不同方面的利益,所以知情同意的模式和内容需要不断完善,以尊重各方的利益。研究人员是研究的主导者,应及时告知捐献者样本相关信息,尊重捐献者的自主权;捐献者是样本所有者,应清楚自己作为捐献者的权利,懂得争取自身权益。

(作者:韩佳楠　王玉婷　李敏)

---

① 黄旭,汪秀琴,赵俊.生物样本库的伦理监管与知情同意探讨[J].中国医学伦理学,2018,31(01):65-68.

从医学生角度如何认识科技伦理

科技伦理是一种价值理念、行为准则，是指在科技发展中正确处理人、自然、社会三者之间的关系。伦理是科技发展前提。大到国家部门，小到每一个科研人员都应该遵守科技伦理。

近年来，医学领域的高新技术不断发展，人民生命健康的保障方面有了巨大进步，但也带来了许多复杂的伦理问题。基因编辑、克隆与胚胎干细胞、安乐死等技术的发展已经引发了激烈争议。

猪心移植手术：最近国外一个典型科技伦理争议是转基因猪心移植。世界首例猪心移植手术，一经报道，便引起了全世界的关注。由于种种原因，这位患有严重心脏病的患者无法接受人类心脏的移植，患者最终同意猪心移植。虽然该移植手术是为了延长患者生命，但是却存在许多伦理问题。

首先，这种从未进行过的实验性手术的安全性不能够保证，对于患者的健康影响不可估计。其次，动物能否作为人的器官来源存在争议。最后，对于动物进行转基因使其更贴合人类会不会因此产生超级动物。种种问题，值得深思。

基因编辑技术：在国内，医学领域的一个著名科技伦理案件是贺建奎的基因编辑婴儿事件。其为了追逐名利，非法实施以生殖为目的的胚胎编辑。编辑切除婴儿一个基因(CCR5)，表面上看阻断了艾滋病病毒侵入婴儿细胞，但是其背后的问题值得深思。

第一，艾滋病尚且可以通过其他方式进行预防，进行基因编辑是否必要？第二，切除基因是否会对婴儿产生其他后果尚未可知，婴儿本身是否有决定自己接不接受该手术的权利？第三，基因编辑婴儿一出生便受到社会关注，是否会对其未来生活产生影响？最后，当基因编辑婴儿成为父母将自己的基因传递给后代时，未来会对人类产生何种影响，基因歧视是否由此产生？

作为一名医学生应该如何应对？

首先，接受伦理教育，增强伦理意识。当前我们国家的伦理教育有待加强，学生的科技伦理意识有待提升。2015年，西安某高校就被曝出虐待实验犬的丑闻，更是说明目前学生伦理意识淡薄。因此每一位学生都应自觉接受伦理教育，深深根植伦理意识并落到实处。

其次，规范科技行为，坚守底线原则。中共中央办公厅、国务院办公厅印发《关于加强科技伦理治理的意见》，明确指出科技活动应该以人民为中心，增进人民福祉。作为医学生，更应该时时刻刻为病人着想，杜绝过度医疗、追名逐利等行为。

另外，加强伦理宣传，营造良好氛围。作为医学生，我们不仅自身要努力学习伦理知识、增强伦理意识，同时积极参与到伦理宣传的队伍中去。加强伦理普及，争做伦理宣传小标兵。努力为营造良好的科技伦理氛围贡献自己的力量。

（作者：任俊鹏　王福利）

基因编辑婴儿：一桩美事还是一场灾难？

2018 年 11 月，南方科技大学副教授贺建奎宣布一对免疫艾滋病基因编辑婴儿在中国出生，这一公然挑衅医学伦理的“实验”震惊了世界，也再次引发了社会对基因编辑的关注与讨论。

我们可以通过基因编辑技术定制一个婴儿吗？这不仅仅是技术的问题，更涉及复杂的伦理问题，基因编辑婴儿究竟是人类的一桩美事还是一场灾难？

基因编辑原理类似于 word 程序中的查找、替换、删减的过程。科学家通过查找功能找到特定基因，通过替换、删减来修改特定基因，最终改变宿主细胞的基因型。然而，基因编辑并非易事，轻微的失误都有可能酿成大祸。

基因编辑最容易出现的问题是“脱靶”，即因靶点不明确导致基因被误删或替换，最终产生基因不可逆变化的现象。通俗地讲就是编辑了错误的目标基因，导致正常基因发生改变。与此同时，基因的多效性也不容忽视。一个基因可能同时影响多个性状，改变一个基因可能引发无法预估的风险。正因为此，世界各国都对人类的基因编辑进行了最严格的法律限制。

在尚无法攻克的技术难题之外，人类基因编辑也带来了严峻的伦理风险。第一，人类难以驾驭基因编辑技术的复杂性和不确定的安全性。在人类基因编辑中，目前尚不能确定脱靶或非预期后果的潜在风险程度。一旦基因编辑被肆意滥用，错误基因进入人类基因库，必将带来一场巨大的灾难；第二，践踏人类尊严。尊重生命、爱护生命是生命伦理的最高准则。基因编辑让多彩的世界变得单调，使每个鲜活个性的人失去了特色，削弱了人类以独特性为基础的尊严；第三，剥夺人类自主权。用基因编辑技术干预人类，将直接影响后代人。后代人没有生育的知情同意权，无法行使自主权，他们的利益由谁保障、面临的“风险-受益”又将如何评估。可见，基因编辑一旦违背伦理，必将干预并侵害后代人的权利；第四，破坏社会公平。如果婴儿可以“量身定做”，被设计出来的婴儿如同超市货架上的商品,顾客可以按照自己的偏好和需求来设计与挑选,那将是对社会公平最无情的践踏。一旦生命成为明码标价、随意选择的事物,生命的内在价值就荡然无存,由基因技术所带来的基因歧视亦将引发更多新的不平等。

以史为鉴,任何推动人类进步、改变世界的科学技术,都需要有效治理且符合伦理规范,基因编辑技术也不例外。只有以最严苛的伦理标准规范基因编辑技术,才能确保其造福于人类。

(作者:苏志强)

正确认识转基因作物

1994 年，世界上第一种转基因保鲜西红柿在美国市场正式售卖，自此人们便对转基因食品开始了源源不断的争议。2020 年，基因编辑技术 CRISPR-Cas9[①] 获得诺贝尔化学奖，再次引发了公众和学术界对于运用基因编辑技术获得转基因作物的伦理探析。科学是一把双刃剑，面对转基因作物，我们应该从科学的角度了解认识它，消除对它不必要的恐惧和猜想，理性并科学地去分析其利与弊。

通俗来说，转基因技术是通过现代科技手段将我们需要

① Debin Z, Amjad H, Hakim M, et al. Genome editing with the CRISPR-Cas system: an art, ethics and global regulatory perspective. [J]. Plant biotechnology journal, 2020, 18(8).

的一种基因,转入到目标生物体中,使目标生物体在原有遗传特性基础上增加新的功能特性。转基因技术不只基于同物种之间,目前技术可以做到在不同的物种间转移基因。例如,将一种抗虫基因转入到没有抗虫基因的玉米中,使玉米获得抗虫害的能力。这种方法在农业上运用也比较广泛,而且通过这种方法可以获得更高产、质量更高的作物。同时,转基因技术可以使人们获得期望的性状,例如抗旱、抗虫害、抗盐碱、抗除草剂等。

转基因技术在作物种植中的优势显而易见。首先,转基因技术可以提高作物产量,满足粮食需求。转入了优良性状基因的转基因农作物,如水稻、大豆、玉米、小麦①,可以做到高产、抗虫害、抗旱、抗病等,有效提高产量,从而满足更多人口的粮食需求;其次,转基因技术能够降低农业生产成本,提高经济效益。具有高产、抗虫、抗病等基因的转基因作物,在管理中可以减少化肥、农药的施用量,提高产量的同时也减少了成本投入;最后,转基因技术还可以被用来提高作物的营养价值,例如在水稻中转入胡萝卜素合成基因,在吃稻米的同时

---

① 张硕.转基因植物安全评价及其伦理探析[J].沈阳农业大学学报(社会科学版),2010,12(05):610-613.

就可以补充维生素 A[1]。

虽然转基因作物优点众多，但其推广和应用涉及了重要的伦理问题，我们要遵循生命伦理学的尊重原则、不伤害原则、公正原则、效用原则。转基因作物的食用安全问题，如果某一转基因植物被转入了一种对某类人群有过敏反应的基因，这些基因可能会引起这类人群的过敏反应。如果某一种作物转入了抗生素抗性的标记基因，可能会导致食用的人的肠道微生物也产生抗生素抗性，在后期患病后可能导致抗生素无法治愈疾病。这类问题就应当遵循伦理学的尊重原则，消费者需要在购买相关农产品时完全知情其是否为转基因作物，并且通过了解自主选择是否购买。但转基因作物的推广还涉及更大的伦理问题，那就是转基因作物会造成基因漂移[2]。这就涉及伦理效用原则，不能只看短期效益，更要兼顾长期效益；不能只关注个别人群利益，更要关注人类整体利益。因此，我们要慎重考虑转基因作物可能对生态环境和公众健康造成的影响。

总的来说，对于转基因作物，我们首先要用科学的眼光看

---

① Dubock A，赵明超. 黄金大米现状[J]. 华中农业大学学报，2014，33(06)：68-82. DOI：10. 13300/j. cnki. hnlkxb. 2014. 06. 010.

② 卢宝荣. 生物安全评价系列之一：转基因漂移会影响环境吗？[J]. 人与生物圈，2018(06)：26-31.

待它，既要看到它的利，也要看到它的弊。我们对转基因作物的应用和推广要极其慎重，在对转基因作物的伦理分析上，我们应遵循生命伦理学的尊重原则、不伤害原则、公正原则、效用原则，在伦理道德上更要遵守原则、守好底线。

（作者：刘君妍　王玉婷　李敏）

第四章

走近人工智能

当算法成为新闻记者：AI新闻会有偏见吗？

人工智能(AI, Artificial Intelligence)会分发新闻并进行个性化推荐已经不是一件新鲜的事。智媒时代的发展对新闻算法提出了新的要求，人们开始训练AI用人类的语言撰写新闻，并希望AI记者能达到“以假乱真”的水平。

2018年，新华社利用国内首个媒体人工智能平台“媒体大脑”进行了新颖丰富的两会报道，成为全球媒体中第一个吃螃蟹的“人”。2022年，人工智能聊天机器人ChatGPT横空出世，在全球范围内引起热议，AI写作的伦理问题受到进一步关注。

无论新闻形式和媒介手段如何发展，“客观性”始终是读者对于新闻行业的普遍期待。很多人认为算法通过“中立”的技术手段取代人类的“主观性”，生产“客观”的新闻文本。而事实真的是这样的吗？让我们从机械客观性开始谈起。

机械客观性的神话

媒介技术的发展冲击了传统新闻客观性的规范。如果说人类记者的客观性依赖制度化规范和专业新闻训练，算法的客观性则更多地基于技术上的机械中立承诺，即机械客观性。机械客观性认为机器缺少人的因素和主观性，从而使得机器产出的东西更为客观。许多研究发现，读者普遍认为算法生成的新闻比人类记者书写的新闻更加客观，这种信任感正是来源于人们对于机械客观性的确信。

正如摄影技术刚面世的时候，很多人认为摄影过程的自动化不受人类的影响，因此是客观的，然而后来层出不穷的图像处理技术狠狠地打破了这个神话。

与当年的摄影技术类似，新兴“宠儿”人工智能算法能与人类完全分离开吗？算法是否也是人类世界经验构建的产物？要对这一系列问题进行解答，还需要了解 AI 新闻算法是如何工作的。

AI 记者如何工作

AI 新闻的生产通常有两种方式,一种是提前设定新闻模板,由算法实时抓取数据填入模板;另一种是通过深度学习的方法,把大量的新闻文本“摆”在算法面前,让算法模仿并学会如何“写”新闻。

可以观察到,在这整个生产过程中,“人”的作用不可忽视。算法工程师通过编写代码规定了算法从哪里获取数据、按什么规则书写新闻;算法使用者通过自行设定参数、校审生成结果等方式参与新闻生产;人类专家在新闻模板创建、改善系统设计等方面提供指导性建议;受众喜好同样参与到算法决策中,算法会根据受众反馈不断调整自己生成新闻的方向和能力。

算法在进行新闻生产的过程中通常具有其特定的价值倾向,这种价值倾向也是造成算法偏见的重要来源。例如一些算法对“时新性”的依赖可能掩盖较早的重要事件;算法的“新闻来源”倾向主流媒体和官方平台,地方性网站和体量较小、新成立的新闻网站被忽视,并且这些源数据平台的偏见也会被带入算法系统中;算法对个性化的追求也使得算法系统会“迎合”用户的偏见,造成“偏见循环”,进一步固化和加深用户偏见；算法对"流行趋势"的追求可能导致"软新闻"的盛行，并造成对小众人群的忽视；而对新闻文章长度的限制也迎合了移动互联网阅读用户，忽略了需要深度阅读的人群。

打破机器崇拜

习近平总书记曾强调："要探索将人工智能运用在新闻采集、生产、分发、接收、反馈中，全面提高舆论引导能力。"当人工智能在新闻生产中发挥越来越重要的作用时，我们也不得不考虑，如何才能让 AI 新闻更好地实现"客观性"，这需要各方的共同努力。

科技公司可以公开 AI 新闻算法的运作方式，让读者充分了解该算法生成的新闻可能具有怎样的"偏见"；算法工程师在设计算法时，可以加入多种新闻来源、数据库或数据处理方式，并进行协调或比较呈现；新闻媒体或网站编辑在发布 AI 新闻时，可以在文末注明"该新闻作者是 AI 算法"，以此保障读者的知情权；新闻读者可以有意识地提升自己的算法素养和媒介素养，带着批判眼光看待 AI 新闻，打破机器崇拜。

（作者：唐玮伟）

AI 绘画：

艺术创作新纪元下的伦理思考

如今，AI 正渗透到人类生活的各个领域并重塑着我们的生活。在艺术创作领域中，目前全球讨论度最高的莫过于 AI 绘画了，人们发现 AI 绘画正以超乎想象的速度野蛮成长着，现在市面上流行的高级 AI 绘画平台如 Novel AI、Midjourney 等，其极高的出图效率和画面完成度不由得让人诚惶诚恐，相关艺术从业者揶揄道：画师直接失业。

生成式 AI 绘画是利用人工智能技术基于现有文本或图像，自动生成新内容的具有颠覆性意义的生产方式。2022 年 8 月，人工智能公司 Stability AI 推出的生图模型 stable diffusion 将 AI 图像生成的效率和精度提升到了全新的境界。此次人工智能的破圈，如同 2016 年 AlphaGo 战胜李世石那

Midjourney 绘图效果

样，颠覆着大众对人工智能的认知。同时，人们也意识到：AI的学习和进化速度远远超越人类的学习速度，随着未来使用者的增加及更多资本的投入，AI很可能会改变传统的艺术创作流程乃至颠覆整个艺术行业的商业运转模式。于是，艺术家们开始担心一件事：画师是否会被AI取代？

Midjourney的创始人大卫·霍尔茨(David Holz)在接受采访时说道："美石皆来自川河，但河流非孕育者。这套系统并无创造的能力，但美可以来自其中。AI绘画本质如同行云，它并无任何主观的意愿。"相对于AI绘画而言，艺术家不仅是图像的创造者，在图像的背后往往有相应的创作逻辑、叙事技巧和情感，而AI无法主动拥有这些，它的创作基础源于使用者。这也就意味着 AI 绘画不论发展到何种程度，它是作为工具被人类所用而不是为了打败人类。因此，在现阶段来看，AI 仍不能完全取代画师。另外一款大热的软件 Novel AI 使用了图片数据源 Danbooru，它不断吸纳着大量未经授权的图片作品，这决定了 AI 作品不受版权保护。假设艺术家在平台发布一系列 AI 作品，由于没有版权，其他人可以很容易窃取并用来获利，甚至在商店直接出售。目前，我国尚未有明确的法律界定 AI 创作模式的版权问题，但在 2022 年 11 月，国家互联网信息办公室、工业和信息化部、公安部联合发布《互联网信息服务深度合成管理规定》，说明在未来国内对于绘画领域的立法完善指日可待。

随着科技的不断进步，每一次突破都伴随着新的科技伦理和社会问题。AI 绘图会滋生如软色情泛滥、窃取他人作品牟利等种种乱象，若不加以规范和管理，其极高的出图效率和便宜的价格，必然会压缩部分画师生存空间，并带来无休止的版权纠纷。因此我们需要正确引导 AI 绘图的发展，于开发者而言，在追求利润最大化时应兼顾肩上的社会责任及伦理问题；于用户而言，在使用 AI 平台创作时需注意版权、著作权问题。

在绘画领域之外，音乐、文学等任何一个需要创造思维的行业,若无科技伦理的约束,都会被 AI 一步步蚕食。因此,只有 AI 朝着工具的方向发展,不否定人的主体地位,才是正确的。从长远的角度来看待这件事,AI 绘画只是科技发展中不可阻挡的小插曲,我们应正视新兴技术的发展,守住科技伦理的底线。

(作者:张序凡)

人工智能是否该具有法律人格

随着科技的发展，人工智能发展迅速，从 20 世纪四五十年代“人工智能”的提出，到 20 世纪 70 年代人工智能可以实现单一功能，再到 1993 年之后开始出现战胜国际象棋冠军的“深蓝”和用自然语言回答问题的人工智能程序“小冰”。

人工智能发展越发迅速，但至今人工智能都不具备自我意识，原因很简单，因为人工智能不论怎么自我学习、自我演进，目前的人工智能都不会产生利益的概念，不会为自己争取利益，这种人工智能能存在多久目前学界也没有定论，但具备自我意识的人工智能会不会出现，学界也是有争议的，那么这些人工智能是否具有法律人格这又是另一个问题。

罗马法提出，有一定声望和尊严且享有法律地位的自由人具备法律人格，后来在资产阶级革命胜利后以法国人权宣言和民法典为代表，确定了任何一个生物意义上的人均享有平等的法律人格，到现在法律人格不仅仅肯定一个人作为人的身份，它变成了一个人被法律赋予权利和义务的基础，法律人格等于法律上的人的主体地位。随着“公司”一词的出现，法律人格从一个生物意义上的人转变成由人构成的组织，近几年又开始从自然人转向了非人的东西，这些东西也可以构建法律人格。

人工智能到底应不应该具有法律人格，人工智能的法律人格该如何赋予？比如一个人工智能创作出来的作品它有没有著作权呢？一个人工智能画的一幅画它有著作权吗？如果有著作权，著作权人是谁？著作权人是写出算法的人，还是归这个算法所有，如果归算法所有又会带来一系列问题，算法可以在短时间内创作出无数作品，那所有的作品如果都有著作权，之后的人在使用这些作品的时候就会违背著作权、知识产权、鼓励分享、鼓励创造的一些基本初衷。另外，所有新的法律人格的产生都是存在问题和需求的、是在一定的场景之下才出现的，再比如公司具有法律人格也是在一定的场景下产生的。

到此，如果人工智能要有法律人格，它解决了什么问题，满足了什么需求？在战争年代，如果一个职业军人执行任务的时候杀害了平民，他是要上军事法庭的，但是现在有智能武器和机器人，如果智能武器、机器人在执行任务的时候因算法的判断出现了错误杀了平民，谁上军事法庭，那个设计算法的人上军事法庭吗？设计算法的人没有故意和过错，他在设计的时候并不想要它杀平民的，那么智能武器在战争法的场景下谁来解决这个问题呢？类似这样的场景还有很多。

从情感上来说，宠物在法律上的定性仍然是财产，无论我们在情感上赋予它什么意义。如果人工智能产生了人的情感也请我们理性对待，至于人工智能是否该被赋予法律人格，仍需讨论，或许未来会成为现实，但这一定又是一次人类社会发展进一步的质的飞跃，我们或许应该抱着怀疑等待那一天的到来。

（作者：乔泽）

眼见不为实：
“AI 换脸”诈骗与深度合成技术

《西游记》中“孙悟空三打白骨精”的情节想必大家都耳熟能详，白骨精依次幻化成老头、农妇和老太太试图接近唐僧，但都被孙悟空一一识破。而如今利用技术手段也能实现这种“幻化”。试想这样一个场景，你正在和某人视频通话，突然警察打电话告知你他好几年前就已经死亡了，你是否会觉得毛骨悚然？那正在和你视频通话的人又是谁呢？其实，你只是被深度合成技术欺骗了。

一、揭秘深度合成技术

什么是深度合成技术呢？深度合成技术，简单来说是指利用以深度学习、虚拟合成为代表的算法来制作音频、文本、图像等信息的技术。而前文所提及的“诡异”一幕其实是别人利用深度合成技术中 AI 换脸技术和 AI 拟声技术给自己“变声”“换脸”的结果。我们都知道修图软件可以将图片上一个人的头换成另一个人的头,而 AI 换脸则更加先进,甚至可以把原视频中某个人的脸换成任何人的脸——从明星到亲友。而且,无论那张脸的角度如何变换,看起来都毫无违和感。以目前的技术水平,仅需几张你的个人照片,就能做到以假乱真的地步。AI 拟声技术也是如此,而且机器学习的水平甚至比 AI 换脸还要更胜一筹。在某声音合成器中,导入一段人声音频,系统就会提取声音的特征,在文本框中输入任何文字,都能合成一段相应的“人声音频”——这个过程,仅需不到 5 秒钟。

二、“换脸诈骗”为何屡屡得手

有了这两项神奇的发明,在屏幕里的你理论上可以变成任何一个人,这就为不法分子提供了可乘之机。2022 年 4 月,浙江温州的陈先生报案称被骗了 5 万元,骗子利用社交平台上陈先生好友的照片进行 AI 换脸,然后与其视频通话,进而实施诈骗。传统的冒充亲友诈骗,一般是“见光死”,一旦要求视频通话就会原形毕露。但在换脸、拟声技术的加持下,耳听更易为虚,眼见也未必为实,骗子打来的电话甚至能做到显示亲人的号码,这样的新型诈骗实在令人防不胜防。一方面,是人们对这些技术的了解度不足,缺乏了解自然也谈不上防范;另一方面,人们碍于面子,可能会觉得一上来就怀疑对方是骗子,是对别人的一种冒犯。然而,在这个隐私容易泄露的时代,别人得到你的一张照片、一段语音的确不是什么难事。在这种情况下,我们确实需要改变一些伦理规范,在不是面对面交流时,确认对方身份也应该被社会认可和支持,这样可以最大限度地减少诈骗导致的财产损失。

三、“双管齐下”规范深度合成技术发展

“魔高一尺,道高一丈”。面对这种新型诈骗,我们也逐步形成了新的对策。2022 年 1 月 28 日,国家网信办发布了《互联网信息服务深度合成管理规定(征求意见稿)》,相关法律法规也会出台以进一步规范该项技术的使用。11 月 8 日,在乌镇开幕的“互联网之光”博览会上,由瑞莱智慧平台研发的 DeepReal 检测平台能在 30 毫秒内识别换脸、变声、合成文

章，且准确度达到 99%以上。以技术为火眼金睛，以法律为如意金箍棒，诈骗犯定会无所遁形。

技术本身永远是一把双刃剑，不应把诈骗归咎于深度合成。深度合成本身也有极为广泛的应用领域和良好的发展前景。不法分子利用它来冒充亲友，我们换一个角度思考，是否也可以利用 AI 合成，在 VR 眼镜中还原逝者的音容笑貌呢？凭借 AI 拟声和智能回复，或许我们能以另一种方式缅怀他们。而保守者则可能不认同这种方法，所以深度合成技术的应用必将是对原有的社会伦理的考验。"要看银山拍天浪，开窗放入大江来"。直面深度合成时代的到来，审慎地看待它的利弊，才能让深度合成技术造福人类。

（作者：陈维宁）

自动驾驶将驶向何方

科技部《关于加强科技伦理治理的意见》重点关注三个高危险领域:生命科学领域、医药健康领域、人工智能领域。自动驾驶是人工智能领域之一。

随着新能源汽车的普及,家用车已不再只是代步工具,而逐步承担自动驾驶、移动通信、人车交互、车载娱乐互联、信息搜索等功能。随之而来的,是自动驾驶技术发展与应用时产生的科技伦理问题。

(1) 人与 AI 意见不统一的优先级问题。驾驶人通过视觉与汽车传感器带来的信息,因认知深度、方向和距离等问题出现不一致时,应如何操作。如遇突发紧急情况,交警指挥汽车逆行时,AI 未记录此路线,会判断指令错误。根据科技伦理指导思想，建议此时应以人为本，设置一键取消人工驾驶机械按钮，取消 AI 所有权限，执行驾驶员操控的优先级。

(2) 安全和数据安全问题。当汽车自动驾驶时，车前出现行人站在路中，该首先保护驾驶人还是车外行人。如果保护车外行人，应该紧急自动刹车，但也许出现行人攻击车内驾驶人的极端情况；若保护驾驶人，车应急转弯变道离开，但不减速，这极易出现交通事故撞伤车外行人。这就引发了科技伦理思考，是以车内人的安全为首还是以车外行人的安全为首，此命题在学术界暂无定论。

(3) 行驶数据的收集、统计与泄漏问题。AI 的特点之一就是对车辆行驶数据的收集、统计与云计算功能。但此时大数据在汽车厂商的数据库里，或 AI 软件开发商的数据库里，由于政治、利益、安全等因素，会出现重要数据泄漏。例如滴滴赴美上市事件，已经引起国家各部门进驻调查，数据安全是国家的安全底线，任何企业和组织无权泄漏，从科技伦理角度已触犯法律。

(4) 危险预警与智能报警功能。人工智能在驾驶途中，会录音、录像并分析，预警驾驶员或乘客处于危险中。经 AI 认定后，可由关键词触发，直接由 AI 自动报公安机关，这就非常容易引起误报，给执法造成困扰。另外还包括 AI 出现错误造成事故的责任问题。如果因为软件运行错误等问题出现严重交通事故，事故责任应该如何划分。如 AI 刹车失灵，事故后果应该由汽车企业、软件开发企业还是驾驶员自己承担，这存在科技伦理争论。

以上为自动驾驶技术发展与应用时产生科技伦理问题的不完全科普、列举与思考，待科技专家们的深入探讨。

（作者：李晓峰）

人工智能是否将颠覆人类伦理？

人工智能(简称 AI)作为计算机科学领域的一个重要分支，是一门用于开发、研究机器模拟人类智能以相似方式做出反应的技术科学。自诞生至今，人工智能技术快速发展，取得丰硕成果，但同时人工智能的应用也会引发一系列伦理风险和挑战。

以 AlphaGo 击败世界围棋冠军这一世纪人机大战为例，人类的经验和直觉在 AI 技术面前显得不堪一击，研究人员惊讶地发现人工智能程序不断地博弈并升级自我程序，甚至发展出人类意想不到的策略。显然，机器学习已经达到能够自我思考的能力以及超越人类思维的地步，有学者认为可能会存在被自身创造的技术反噬的可能性。假若在今后技术发展过程中，人工智能演变成具有自我意识、自我情感甚至自主行为，即计算机拥有智商时，便有可能会反抗人类指令，甚至威胁到人类。

广泛地使用人工智能技术，既给人类生活带来诸多便利性，同时也带来了相关伦理问题。面对人工智能运作机制模糊区域，许多科学家和企业家联名呼吁人类警惕人工智能发展。譬如在自动驾驶过程中，紧急状况下撞向前方将对车内人员构成生命危险，系统判定汽车避险躲开障碍物转而撞向旁边行人，预设算法对人类的生命财产造成损失，责任承担者是车内的驾驶员、汽车生产厂家、经销商还是开发算法的公司？诸如此类的问题如果没有解决好，后果将不堪设想。

人类与人工智能技术的伦理关系建立在主观思想和客观事物的互相作用上。在推动人类进步和社会发展过程中，人工智能技术对现有社会结构及价值观念的冲击愈发明显。伦理构建过程的基础在于树立正确的道德价值观念，体现出人类在不断追寻和谐与美好的未来现实生活。如何辩证地看待人工智能技术发展所带来的影响，把握好人工智能发展平衡，预防可能出现的技术失控现象，这一系列亟待厘清的关系伦理和过程伦理问题给治理主体带来巨大挑战。

面对上述一些风险点，我们应当如何约束人工智能？首先我们需要平衡好治理监管与产业协调发展，在技术发展过程中谨慎考虑立法与监管政策，针对一些高风险场景需要特别立法，在满足人工智能技术伦理风险控制需求的同时为产业发展提供充分的发展空间；其次是提升科研机构以及企业人员对伦理的认知和自律，主动承担起构建安全人工智能技术的首要责任；最后是要提高全人类社会科技伦理意识，从公共管理角度出发，对科技创新活动进行向善引导，利用各种渠道广泛进行科技伦理宣传、活动和交流，强化社会对人工智能伦理监督。

2021 年 9 月 25 日，国家新一代人工智能治理专业委员会发布了《新一代人工智能伦理规范》，首次从国家层面规范人工智能伦理问题。同样，技术界也越来越关注人工智能伦理问题，有学者提出被学术界广为认可的“AI 伦理五原则”，即行善、不伤害、自治、正义以及算法可解释性，对人工智能技术加以规范和引导。坚持技术发展以人为本，遵循人类共同价值观，遵守人类伦理道德。促进人机和谐相处，保障人类在使用过程中拥有充分自主决策权，以更值得信赖的方式开发、部署和使用人工智能技术。在确保公平正义的前提下，增进民生福祉，创造更美好的生活。

相信在今后的发展过程中，人工智能技术将更加注重解决伦理问题，相关法律规范将更加完善，并保持在可控的范围内造福人类，推动经济、社会及生态可持续发展。

（作者：郑晓炜）

元宇宙是可以为所欲为的吗？

近年来，元宇宙新兴概念火爆世界，元宇宙是一个平行于现实世界运行的人造空间，由增强现实（AR）、虚拟现实（VR）等技术支持的、可与现实世界交互的虚拟世界。随着元宇宙的相关技术的不断发展，更多的问题也逐渐涌现，其中最主要的问题就是在现实和虚拟之间的各种伦理道德冲突。

虚拟世界是现实世界的镜像，如今不同参与者正在不断丰富元宇宙的含义，需要警惕伦理风险、法律监管等问题。不法分子在现实世界中犯罪有法律的惩罚和约束，但在虚拟世界中却没有明确法律监管用户的犯罪行为。

最近，有不少女性在网上讲述了在元宇宙平台里遇到“性侵犯”的经历。据网易新闻报道，有位女性用户在相关平台登录之后就被三四个有男性声音的玩家进行了性骚扰,他们"性侵"了她的虚拟形象。无独有偶,还有一位女性受害者,她在游戏中创建的一个女性虚拟人物,在游戏里被男性虚拟人物强制"侵犯",整个被"侵犯"过程还被其他玩家看到,虽然身体上没有受到伤害,但目睹"自己"被"侵犯"全过程却无能为力,给该女性玩家带来严重的心理阴影。The Extended Mind 曾调查了 600 多名 VR 用户的社交体验,结果显示,36%的男性和 49%女性经历过性骚扰。

以这次的"性侵"事件来讲,受害者基本都是女性,事件在网上发酵,有人提出元宇宙平台增加用户"安全区"功能,如果是女性用户需要使用"安全区"功能才能避免此类事件,就好比在现实世界中,要求女性"少穿暴露衣服""夜晚不出门"一样,用牺牲女性正当权益来实现"保护"之名,这无疑是本末倒置。即便是在虚拟世界里,大多数用户仍然希望拥有与现实生活相似的体验,即在没有"程序隔离"的情况下,展开友好交流。

现实世界中"性侵""性骚扰"问题有相关法律保护公民的合法权利,当此类问题延伸到虚拟世界中,用户因此产生心理阴影,却无"法"可依。元宇宙平台或游戏可以从物理层面阻挡"性骚扰",但没有对应的法律法规,用户便没有约束和心存畏惧。立法监管的空白,成为笼罩在元宇宙头顶的阴云。对

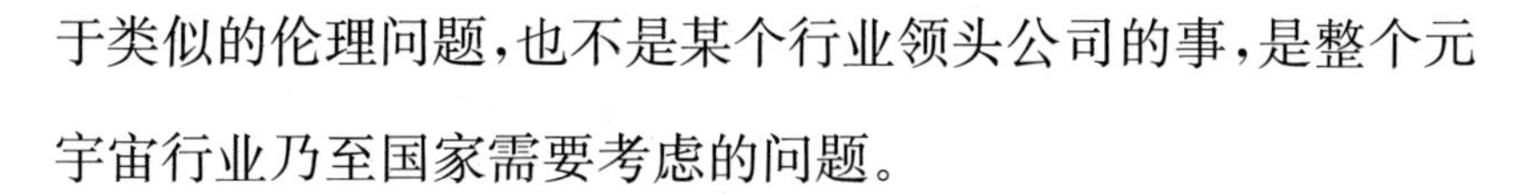

于类似的伦理问题,也不是某个行业领头公司的事,是整个元宇宙行业乃至国家需要考虑的问题。

现如今,虚拟世界的“性侵”行为难以被认定为犯罪,但针对新型权力和利益的冲突,未来很可能需要调整相关法律规范,虚拟世界不是特定的空间,需要和现实世界的规则相接轨,虚拟世界也无法摆脱现实世界独立存在,其创造者和使用者仍处于现实世界中,虚拟世界不应该成为“法外之地”。

单靠相关企业自觉是不现实的,必须设置监管红线,注重个体权利的保护,助推行业科技向上、向善发展。在虚拟世界中的所有行为,所有产生的交易、交流、交互都会伴随着新的法律问题的出现,甚至是伦理问题的出现。为保证行业科技生态平稳发展,监管部门立法规范迫在眉睫。

“元宇宙”虚拟世界目前仍在游戏行业中发展,其影响相对有限,会有不少人以“游戏”为借口替自己的不当行为开脱。游戏平台在设置角色时应充分考虑骚扰、猥亵、性侵等情形,设置角色保护机制和举报机制,对于侵犯者的角色账号进行封号,规范虚拟世界的秩序。从业者可积极挖掘虚拟世界在这些领域的潜在价值,为虚拟世界长远发展保驾护航。

（作者:蔡红萍）